Diseño y Simulación en MasterCAM

Tomo 1

División de Ingeniería Industrial

Ing. Daniel Guzmán Pedraza

MII. Gustavo I. del Ángel Flores

Ing. Manuel A. Rosales Montiel

Instituto Tecnológico Superior de Tantoyuca

Copyrigth © Daniel Guzmán Pedraza, 2016

All rigths reserved.

ISBN-13: 978-1546689355

ISBN-10: 1546689354

Primera edición

México, 2016

Copyrigth © 2016 Daniel Guzmán Pedraza

All rigths reserved.

ISBN-13: 978-1546689355

ISBN-10: 1546689354

Primera edición

México, 2016

Agradecimientos:

A mi familia por su apoyo incondicional, al Instituto Tecnológico Superior de Tantoyuca por brindarme la oportunidad de pertenecer a este gran equipo de profesionales de nivel superior, desde marzo del 2003 como docente de la materia de Diseño Asistido por Computadora y Manufactura Asistida por Computadora, con lo cual no hubiese podido dedicar mi esfuerzo al desarrollo de este libro, a los estudiantes que con su retroalimentación motivaron a la creación de este documento y a todas las personas que contribuyen a mi formación profesional.

Créditos:

Instituto Tecnológico Superior de Tantoyuca.

1.- Indice

2.-	INTRODUCCION	1
3.-	Práctica 1. Logo Avast.	3
4.-	Práctica 2. Diseño sencillo.	14
5.-	Práctica 3. Diseño con perforaciones.	23
6.-	Practica 4. Logo Thundercats	32
7.-	Practica 5. Escudo.	42
8.-	Práctica 6. Logo DODGE	58
9.-	Práctica 7. Flor Yin- Yang.	73

2.- INTRODUCCION

Desde la antigüedad el diseño ha estado presente en nuestra sociedad, tal es el caso de las pinturas rupestres, las pirámides de Gizan en Egipto[1] o las pirámides de Teotihuacán en México[2], cada una de estas arquitecturas antiguas se han realizado teniendo en cuenta las tres dimensiones alto, largo y ancho, aunque tenían poca tecnología lograron la construcción de magníficas edificaciones, lo que en su tiempo se podría pensar imposible.

Como se relata en estos dos casos anteriores existe el diseño ya se comenzaba a utilizar aunque de manera poco profesional, pero existía conocimiento de él, lo que da la perspectiva de como el diseño y la escritura han ido evolucionando de manera que hasta la fecha se han realizado softwares que permiten realizar diseño en 2 y 3 dimensiones y lo que es aún mejor se realizan en el menor tiempo posible ya que ellos trabajan mediante algoritmos, patrones, datos recabados, entre muchas características que los vuelven mucho más completos, lo que ha favorecido a los creadores de diseños, porque si antes se tardaban en un plano arquitectónico o un plano de alguna pieza automotriz dependiendo del grado de complejidad un día o días, hoy en día se podrían tardar hasta unas horas, lo que ha disminuido el trabajo de miles de horas y con una precisión mayor.

Cada una de las actividades que se realizan hoy en día facilita a las empresas constructoras, o de diseño a realizar diseños más complejos y detallados con las características y exigencias del cliente.

Cabe señalar que no solo softwares de diseño ha evolucionado si no todos los softwares que sirven para la simulación, el cálculo de valores, la conversión de un valor en otro, entre una amplia gama de softwares que existen en el mercado.

---

[1] Recuperado de https://es.wikipedia.org/wiki/Gran_Pir%C3%A1mide_de_Guiza

[2] Recuperado de https://es.wikipedia.org/wiki/Teotihuacan

Si bien el avance tecnológico ha significado un gran cambio en la concepción del diseño, ha contribuido a que cada día uno como consumidor sea más exigente con las funciones que nos ofrecen softwares de este tipo.

3.- PRÁCTICA 1. LOGO AVAST.

Paso 1. Crear Base (Billet).

Seleccionar en el menú de referencia la opción **Crear**, se despliega un menú, elegir la opción **Crear Rectángulo**, introducir las coordenadas en el cuadro de diálogo **"X 0.00"**, **"Y 0.00"**, **"Z 0.00"** (Fig. 1), posteriormente insertar los valores en el cuadro de diálogo **"Ancho 70.0"**, **"Altura 70.0"** (Fig. 2), teclear **Enter** para confirmar el rectángulo **R1** y finalizar la tarea.

Figura 1. Introducir las coordenadas como se muestra en el cuadro de diálogo.

Figura 2. Introducir los valores como se muestra en el cuadro de diálogo

Paso 2. Crear Circulo Punto Centro.

Seleccionar en el menú de referencia la opción **Crear**, se despliega un menú, elegir la opción **Arco,** se despliega un submenú, seleccionar la opción **Crear Circulo Punto Centro**, posteriormente introducir las coordenadas en el cuadro de diálogo **"X 30.5"**, **"Y 37.0"**, **"Z 0.00"** (Fig.3), posteriormente se introducen los valores del cuadro de diálogo **"Radio 11.0"**, **"Diámetro 22.0"** (Fig. 4), teclear **Enter** para confirmar el circulo **C1** y finalizar la tarea.

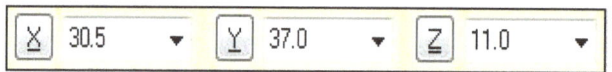

Figura 3. Introducir las coordenadas como se muestra en el cuadro de diálogo.

Figura 4. Introducir los valores como se muestra en el cuadro de diálogo

Continuando con la creación de **Círculo Punto Centro** se utiliza el mismo procedimiento, introduciendo los valores como se indica a continuación:

Tabla 1. Coordenadas círculos punto centro

Circulo	Coordenadas			Radio	Diámetro
	X	Y	Z		
C2	21.0	58.0	0.0	11.0	22.0
C3	54.0	59.0	0.0	4.25	18.0
C4	9.0	25.5	0.0	6.25	12.5
C5	56.0	13.0	0.0	11.5	23.0

Paso 3. Crear Arco 3 puntos.

Seleccionar en el menú de referencia la opción **Crear**, se despliega un menú, elegir la opción **Arco**, se despliega un submenú, seleccionar la opción **Crear Arco 3 Puntos**, posteriormente se introducir las coordenadas del primer punto "**X 24.92305**", "**Y 56.36532**", "**Z 0.0**", se introducen las coordenadas del segundo punto, "**X 25.5159**", "**Y 54.36354**", "**Z 0.0**", posteriormente se introducen las coordenadas del tercer y último punto "**X 26.97074**", "**Y 52.86618**", "**Z 0.0**" teclear **Enter** para confirmar el arco **ACR1**. Continuando con la creación de *Arcos 3 Puntos* se utiliza el mismo procedimiento, introduciendo los valores como se indica a continuación

Tabla 2. Coordenadas arcos de 3 puntos.

Arco	Coordenadas Primer punto			Coordenadas Segundo punto			Coordenadas Tercer punto		
	X	Y	Z	X	Y	Z	X	Y	Z
ACR2	26.97074	52.86618	0.0	31.88971	53.4954	0.0	36.77349	52.63459	0.0
ACR3	36.77349	52.63459	0.0	41.74548	54.70749	0.0	45.0	59.0	0.0
ACR4	54.0	50.0	0.0	49.32951	46.84049	0.0	47.35808	41.55756	0.0
ARC5	47.35808	41.55756	0.0	47.97057	37.98498	0.0	47.78822	34.36486	0.0
ARC6	47.78822	34.36486	0.0	50.52573	28.29336	0.0	56.0	24.5	0.0
ARC7	44.55373	11.88963	0.0	40.48637	18.07441	0.0	33.53778	20.62632	0.0
ARC8	33.53778	20.62632	0.0	26.10486	21.40697	0.0	19.77887	25.38686	0.0
ARC9	19.77887	25.38686	0.0	17.20724	25.31222	0.0	15.04606	23.91645	0.0
ARC10	11.47719	31.23812	0.0	13.78385	32.4308	0.0	15.17174	34.62556	0.0
ARC11	15.17144	34.62556	0.0	16.24127	43.27863	0.0	21.57144	50.17854	0.0
ARC12	21.57144	50.17854	0.0	21.27656	52.2235	0.0	20.02093	53.86431	0.0

Paso 4. Ajustar/Romper/Extender.

Selecciona el icono **Ajustar/Romper/Extender**, se despliega una barra de iconos en la pantalla superior del área de trabajo, selecciona el icono **Ajustar 2 Entidades**, posteriormente elige las entidades **P1**, **P2**, **P3** y **P4**, en los puntos señalados, como se muestra en la Fig. 5 y automáticamente se corta.

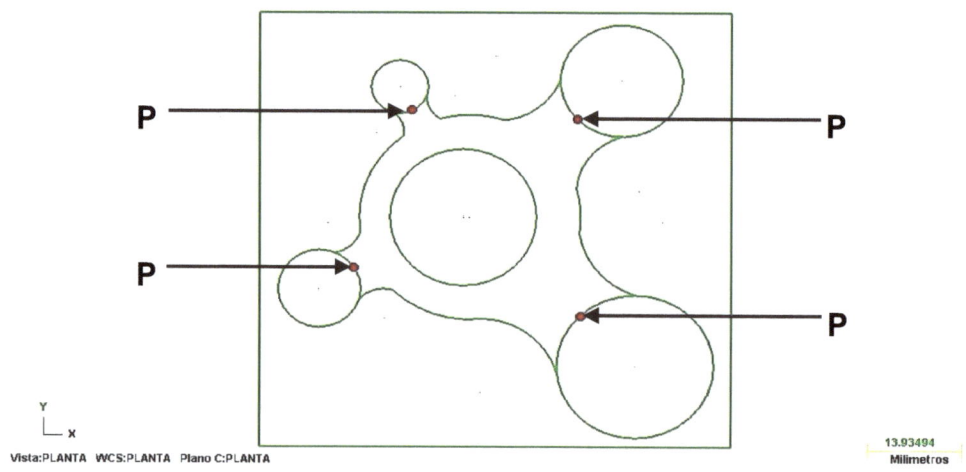

Figura 5. Selección de entidades a Dividir.

Paso 5. Crear Arco 3 Puntos (Letra a).

Seleccionar el icono **Crear Arco 3 Puntos**, posteriormente se introducir las coordenadas del primer punto "**X 31.8** " "**Y 33.0**" "**Z 0.0**", introducir las coordenadas del segundo punto, "**X 30.59834**", "**Y 30.64453**", "**Z 0.0**", posteriormente se introducen las coordenadas del tercer y último punto "**X 28.03562**", "**Y 29.9828**", "**Z 0.0**" teclear **Enter** para confirmar el arco **AR1** (Fig. 6). Continuando con la creación de **Arcos 3 Puntos** se utiliza el mismo procedimiento, introduciendo los valores como se indica a continuación:

Tabla 3. Coordenadas arcos de 3 puntos.

Arco	Coordenadas Primer punto			Coordenadas Segundo punto			Coordenadas Tercer punto		
	X	Y	Z	X	Y	Z	X	Y	Z
AR2	28.03562	29.9928	0.0	25.73672	42.75338	0.0	37.8	38.0	0.0
AR3	37.8	33.65286	0.0	36.75395	31.70683	0.0	34.68094	30.94272	0.0
AR4	28.8	33.0	0.0	27.66879	40.28806	0.0	34.68094	38.0	0.0

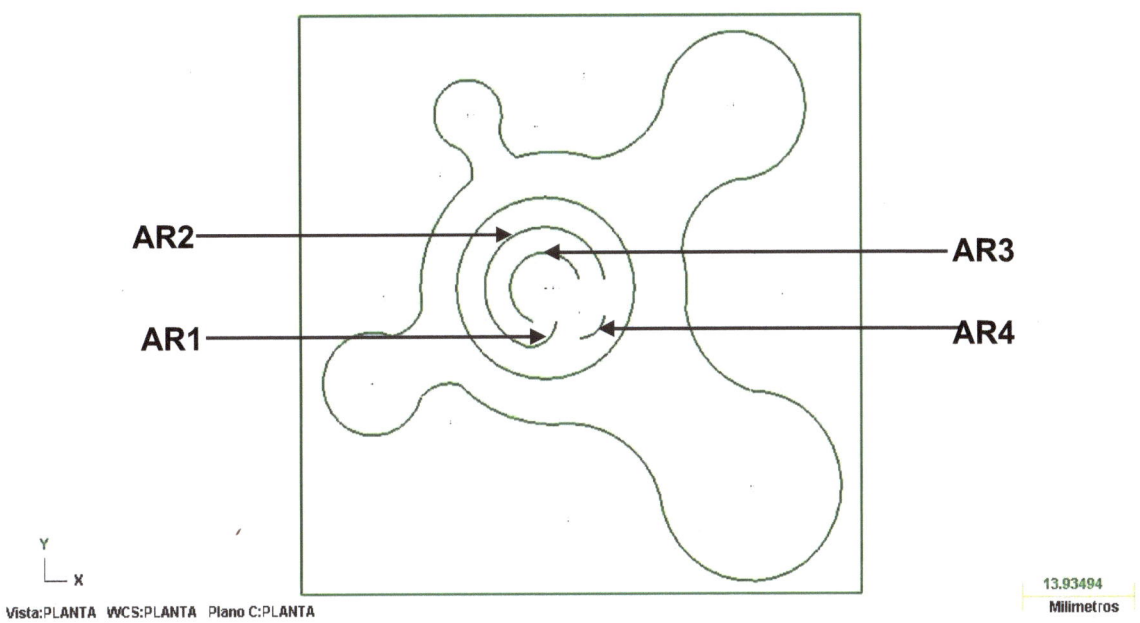

Figura 2. Arco de 3 Puntos.

Paso 6. Crear Línea Extremo (Letra a).

Seleccionar el icono **Crear Línea Extremo** , introducir las coordenadas del punto inicial en el cuadro de diálogo **"X 37.8"**, **"Y 38.0"**, **"Z 0.0"** (Fig. 7), posteriormente insertar los valores en el cuadro de diálogo **"Longitud 4.34714"**,

"**Ángulo 270.0**" (Fig. 8), teclear **Enter** para confirmar la línea **LA1** y finalizar la tarea.

Figura 7. Introducir las coordenadas como se muestra en el cuadro de diálogo.

Figura 8. Introducir los valores como se muestra en el cuadro de diálogo.

Continuando con la creación de *Circulo Punto Centro* se utiliza el mismo procedimiento, introduciendo los valores como se indica a continuación:

Tabla 4. Coordenadas círculos punto centro.

Línea	Coordenadas			Longitud	Ángulo
	X	Y	Z		
LA2	34.68094	38.0	0.0	7.05728	270.0
LA3	31.8	33	0.0	3.0	180

Paso 7. Editar Trasladar en Z (Figura).

Seleccionar el icono **Vista Isométrica**, elegir el icono **Ajustar a pantalla** posteriormente seleccionar el icono **Editar Trasladar**, elegir las entidades a trasladar **B1** y **B2** como se muestra en la Fig. 9, teclear **Enter** para confirmar la operación. En seguida aparecerá un cuadro de diálogo (Fig. 10), activar la opción

Mover, insertar el valor de **Z -6.0**, seleccionar el icono de **OK** para confirmar y finalizar la operación.

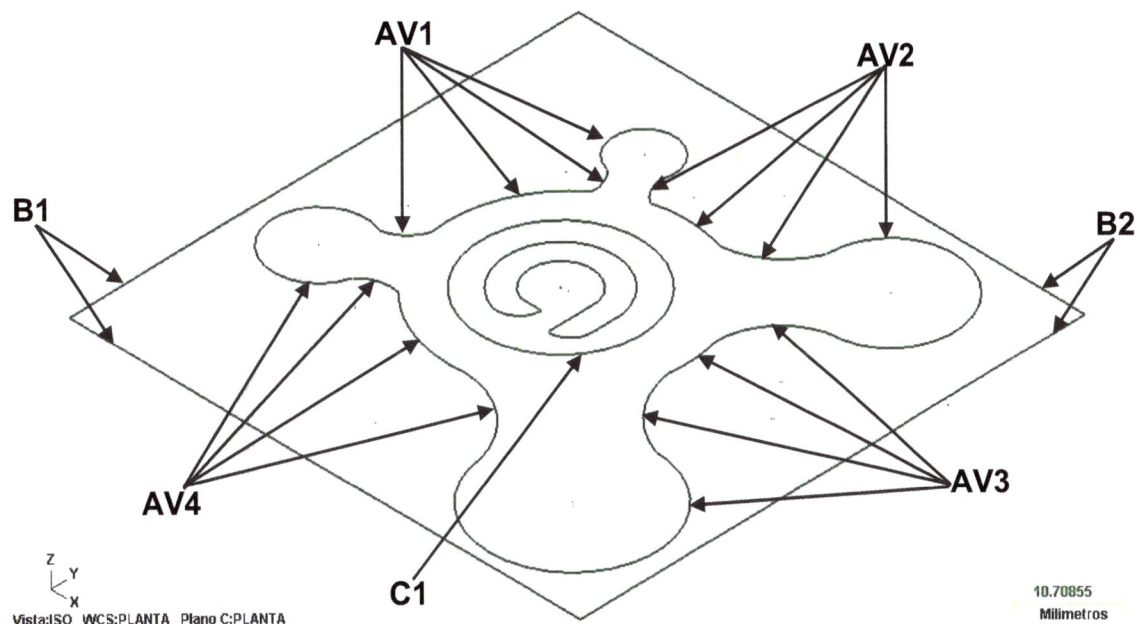

Figura 93. Selección de entidades a Trasladar.

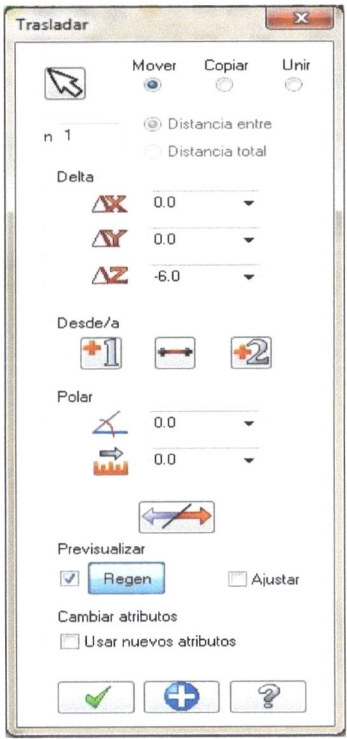

Figura 10. Cuadro de diálogo Trasladar.

Continuando con el *Traslado* de la pieza (Fig. 9) se utiliza el mismo procedimiento, introduciendo los valores como se indica a continuación:

Tabla 5. Valores de las entidades a trasladar.

Selección de Entidades	Tipo de Traslado	Valor en Z
C1	Mover	-1.0
AV1, AV2, AV3, AV4	Mover	-4.0

Paso 8. Extrusión de la Pieza.

Seleccionar en el menú de referencia la opción **Solidos**, se despliega un menú, elegir la opción **Extrusión**, aparecerá un cuadro de dialogo (Fig. 11), activa la opción **3D** y **Cadena**, seleccionar las entidades **B1**, como se indica en la Fig. 12, teclear **Enter** para confirmar la operación, inmediatamente aparecerá un segundo cuadro de diálogo (Fig. 13), Activar la opción **Crear Cuerpo** y **Extender una distancia específica**, introducir el valor de **"Distancia 34.0"**, posteriormente selecciona el icono de **OK**, para confirmar la extrusión de la figura.

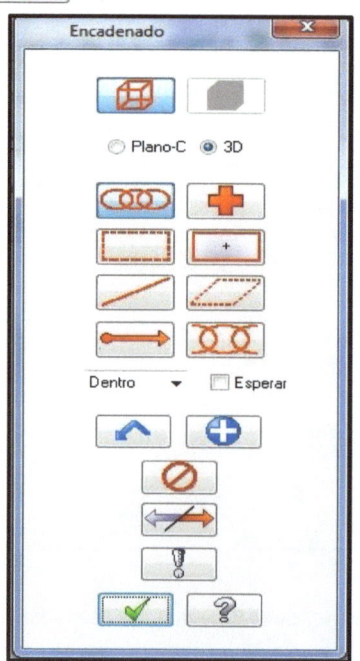

Figura 11. Cuadro de diálogo Encadenado.

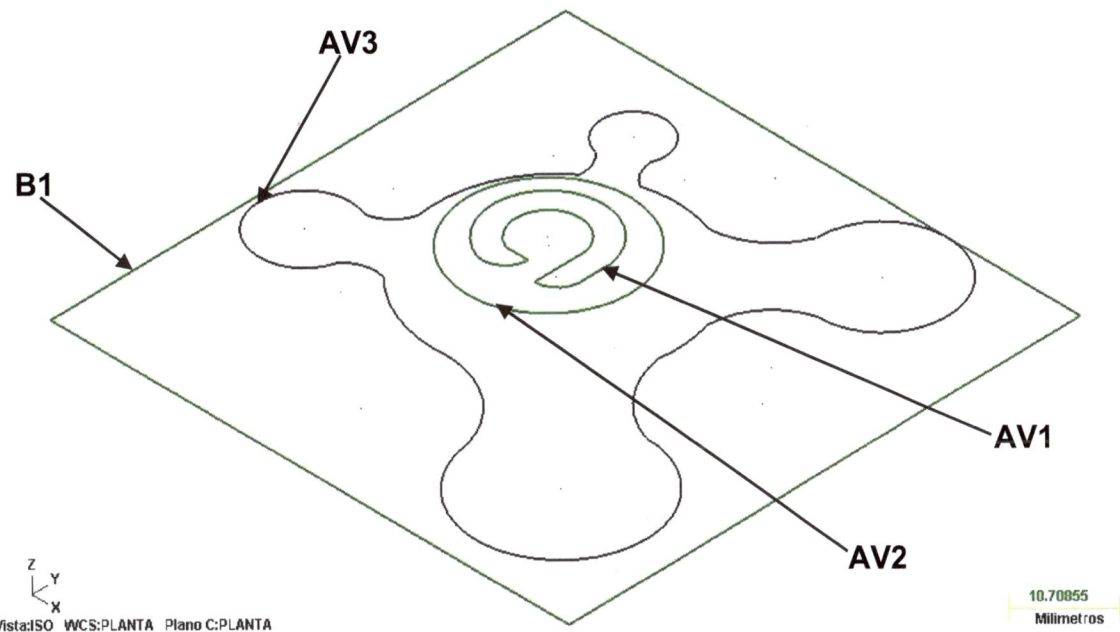

Figura 12. Selección de entidades a Extrusionar.

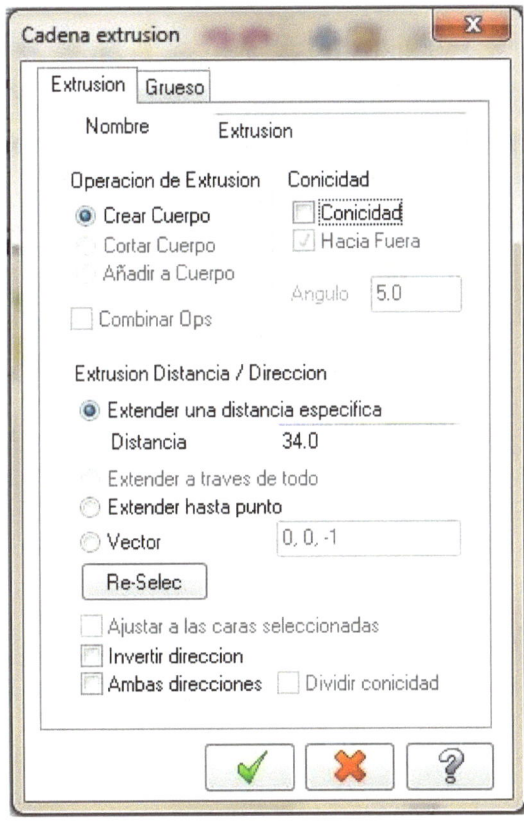

Figura 13. Cuadro de diálogo Cadena extrusión.

Continuando con la **Extrusión** de la pieza (Fig. 12) se utiliza el mismo procedimiento, introduciendo los valores como se indica a continuación.

Tabla 6. Valores de las entidades a extrusionar.

Selección de Entidades	Distancia
AV1	1.0
AV2	3.0
AV3	2.0

Para observar la pieza solida (Fig. 14) selecciona el icono **Shade** , y automáticamente la pieza se solidificara.

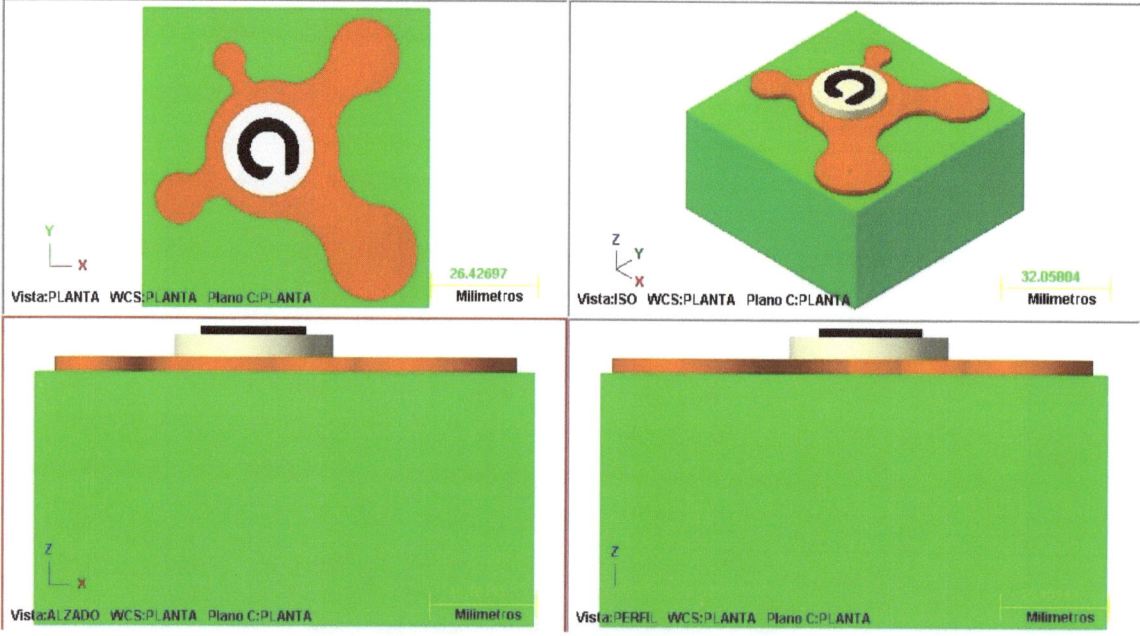

Figura 44. Visualización en 4 vistas del diseño en 3D.

Paso 9. Booleana Añadir.

Seleccionar en el menú de referencia la opción **Solidos**, se despliega un menú, elegir la opción **Booleana Añadir**, seleccionar las caras de las entidades **B1, B2, B3 y B4** como se indica en la Fig. 15, teclear **Enter** para confirmar y finalizar la operación Booleana.

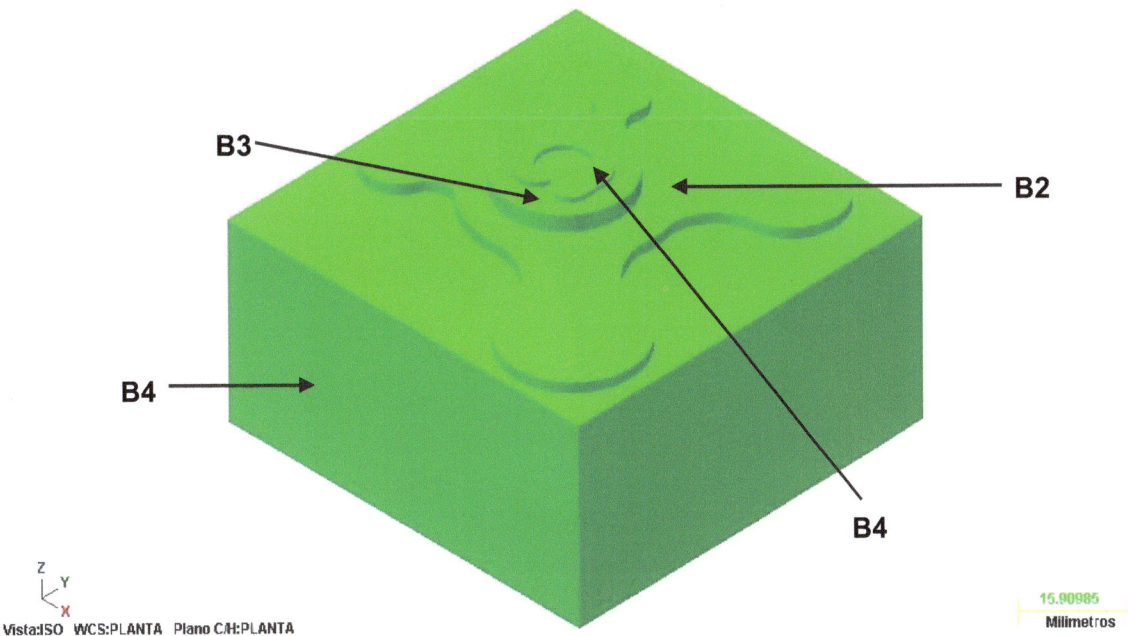

Figura 15. Selección de entidades a aplicar Booleana.

4.- PRÁCTICA 2. DISEÑO SENCILLO.

Paso 1. Crear Base

Seleccionar en el menú de referencia la opción **Crear**, se despliega un menú, elegir la opción **Crear Rectángulo**, introducir las coordenadas en el cuadro de diálogo **"X 35.00" "Y 25.00" "Z0.00"** (Fig. 16), posteriormente selecciona el icono **Centrado** e inserte los valores en el cuadro de diálogo **"Ancho 70.0", "Altura 50.0"** (Fig. 17), teclear **Enter** para confirmar el rectángulo **R1** y finalizar la tarea.

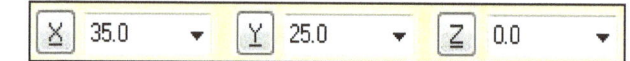
Figura 16. Introducir las coordenadas como se muestra en el cuadro de diálogo.

Figura 17. Introducir las coordenadas como se muestra en el cuadro de diálogo.

Continuando con la creación de **Rectángulos** se utiliza el mismo procedimiento, introduciendo los valores como se indica a continuación:

Tabla 1. Coordenadas rectángulos.

Rectángulo	Coordenadas			Ancho	Altura
	X	Y	Z		
R2	35.0	25.0	0.0	65.0	45.0

| R3 | 35.0 | 25.0 | 0.0 | 40.0 | 30.0 |

Paso 2. Chaflanar Entidades.

Seleccionar en el menú de referencia la opción **Crear**, se despliega un menú, elegir la opción **Chaflán**, se despliega un submenú, seleccionar la opción **Chaflanar Entidades**, aparece un cuadro de diálogo en la parte superior de la pantalla (Fig. 18) **"Distancia 10.00"**; elegir los Vértices **V1**, **V2**, **V3**, y **V4** (Fig. 19) para crear los acuerdos, teclea **Enter** para finalizar tarea.

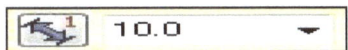

Figura 18. Introducir las coordenadas como se muestra en el cuadro de diálogo.

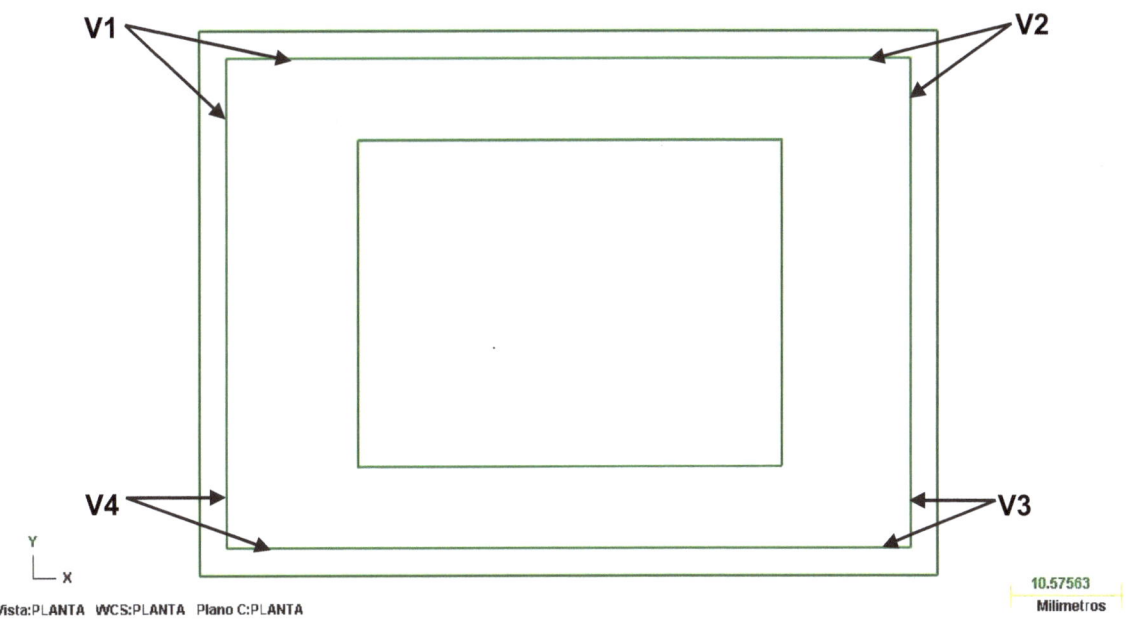

Figura 19. Selección de entidades.

Paso 3. Crear Acuerdo Entidades.

Seleccionar en el menú de referencia la opción **Crear**, se despliega un menú elegir la opción **Acuerdo**, se despliega un submenú, seleccionar la opción **Acuerdo Entidades**, aparece un cuadro de diálogo en la parte superior de la pantalla (Fig. 20) **"Radio 5.00"**; elegir los Vértices **B1**, **B2**, **B3**, y **B4** (Fig. 21) para crear los acuerdos, teclea **Enter** para finalizar tarea.

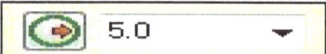

Figura 50. Introducir las coordenadas como se muestra en el cuadro de diálogo.

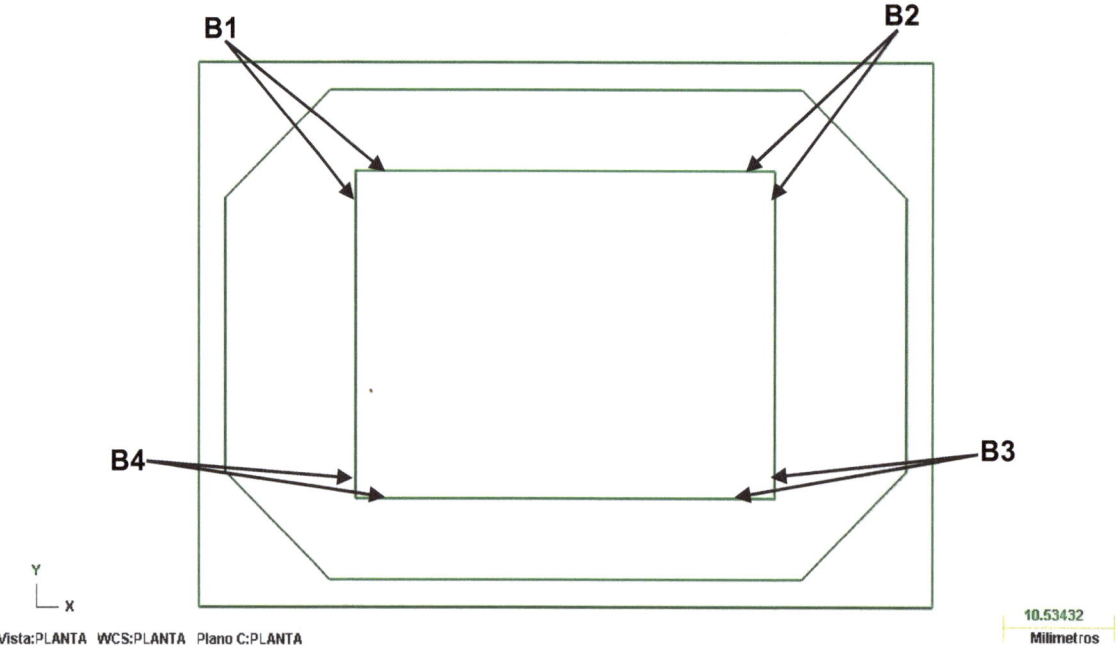

Figura 21. Selección de entidades.

Paso 4. Crear Circulo Punto Centro.

Seleccionar en el menú de referencia la opción **Crear**, se despliega un menú, elegir la opción **Arco,** se despliega un submenú, seleccionar la opción **Crear Circulo Punto Centro**, posteriormente introducir las coordenadas en el cuadro de diálogo **"X 35.0", "Y 25.0", "Z 0.00"** (Fig. 22), posteriormente se introducen los valores del cuadro de diálogo **"Radio 4.0", "Diámetro 8.00"** (Fig. 23), teclear **Enter** para confirmar el circulo **C1** y finalizar la tarea.

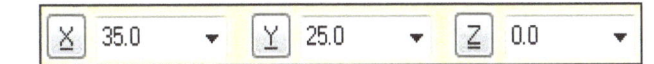
Figura 22. Introducir los valores como se muestra en el cuadro de diálogo.

Figura 23. Introducir los valores como se muestra en el cuadro de diálogo.

Paso 5. Editar Trasladar en Z.

Seleccionar el icono **Vista Isométrica** elegir el icono **Ajustar a pantalla** , posteriormente seleccionar el icono **Editar Trasladar** , seleccionar las entidades a trasladar **B1** y **B2** como se muestra en la Fig. 24, teclear **Enter** para confirmar la operación. En seguida aparecerá un cuadro de diálogo (Fig. 25), activar la opción **Mover,** insertar el valor de **Z -20.0**, para confirmar el traslado de las entidades seleccionar el icono de **OK** .

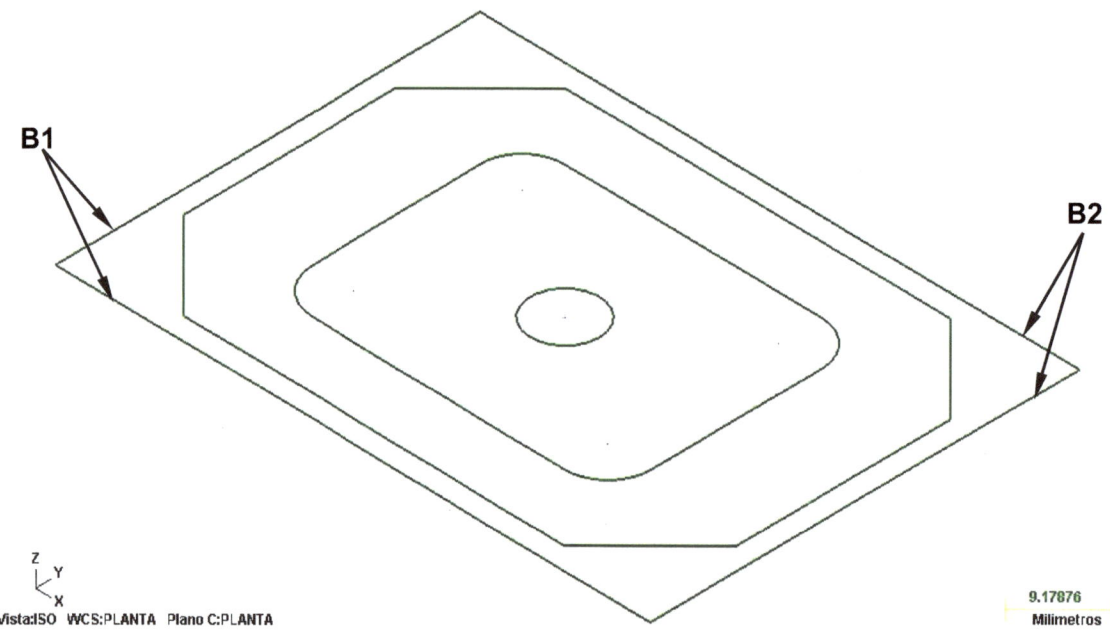

Figura 24. Selección de entidades.

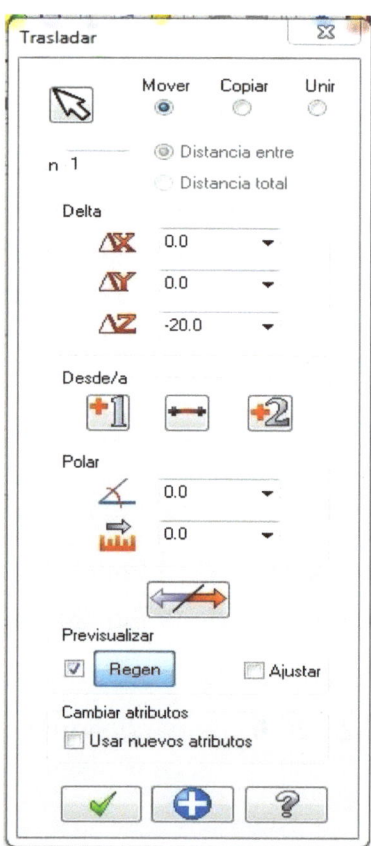

Figura 25. Cuadro de diálogo trasladar.

Paso 6. Extrusión de la base.

Seleccionar en el menú de referencia la opción **Solidos**, se despliega un menú, elegir la opción **Extrusión**, aparecerá un cuadro de dialogo (Fig. 26), activa la opción **3D** y **Cadena**, seleccionar las entidades **R1**, como se indica en la Fig. 27, teclear **Enter** para confirmar la operación, inmediatamente aparecerá un segundo cuadro de diálogo (Fig. 28), Activar la opción **Crear Cuerpo** y **Extender una distancia específica**, introducir el valor de **"Distancia 10.0"**, posteriormente selecciona el icono de **OK**, para confirmar la extrusión de la figura.

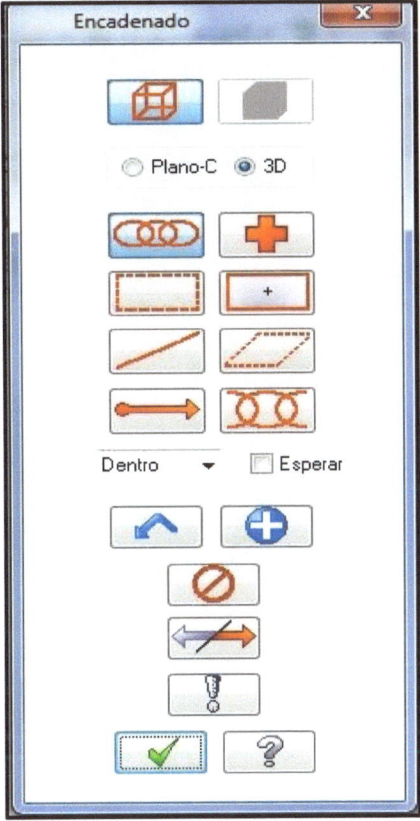

Figura 26. Cuadro de diálogo Encadenado.

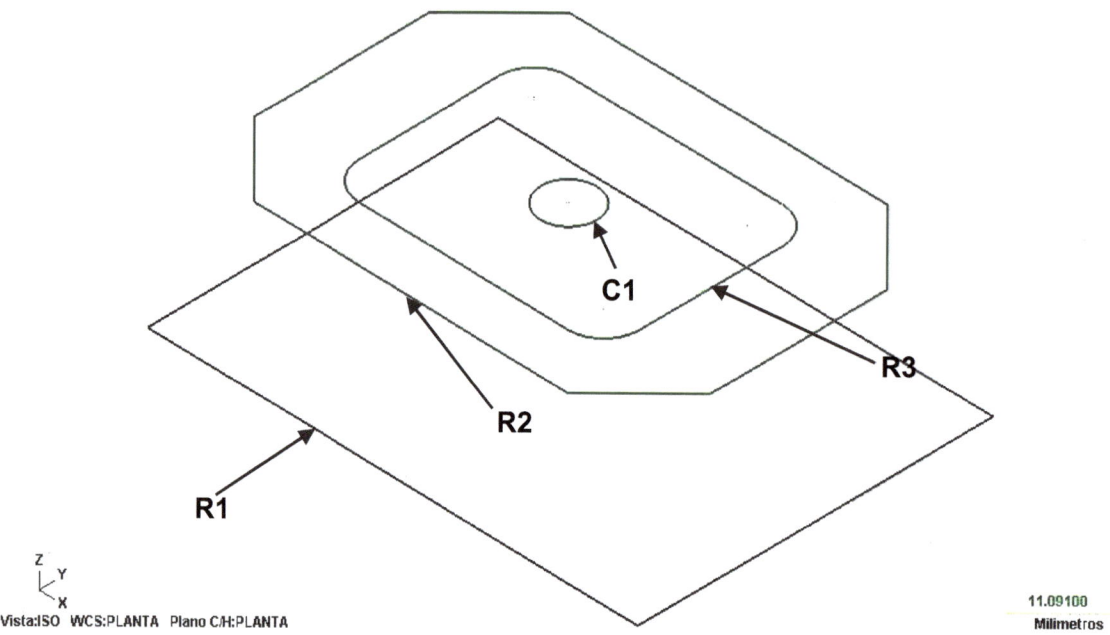

Figura 27. Selección de entidades.

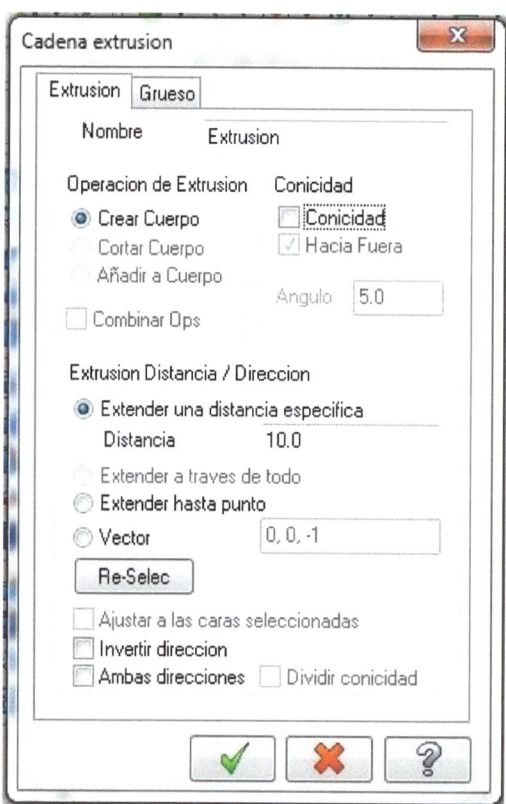

Figura 68. Cuadro de diálogo Cadena extrusión.

Continuando con la *Extrusión* de la pieza (Fig. 27) se utiliza el mismo procedimiento, introduciendo los valores como se indica a continuación:

Tabla 2. Valores de las entidades a extrusionar.

Selección de Entidades	Distancia
R2, R3	20.0
C1	20.0

Para observar la pieza solida (Fig. 29) selecciona el icono **Shade** y automáticamente la pieza se solidificara.

Figura 7. Pieza en 3D

Paso 7. Booleana Añadir.

Seleccionar en el menú de referencia la opción **Solidos**, se despliega un menú, elegir la opción **Booleana Añadir**, seleccionar las caras de las entidades **B1**, **B2** y **B3** como se indica en la Fig. 30, teclear **Enter** para confirmar y finalizar la operación Booleana.

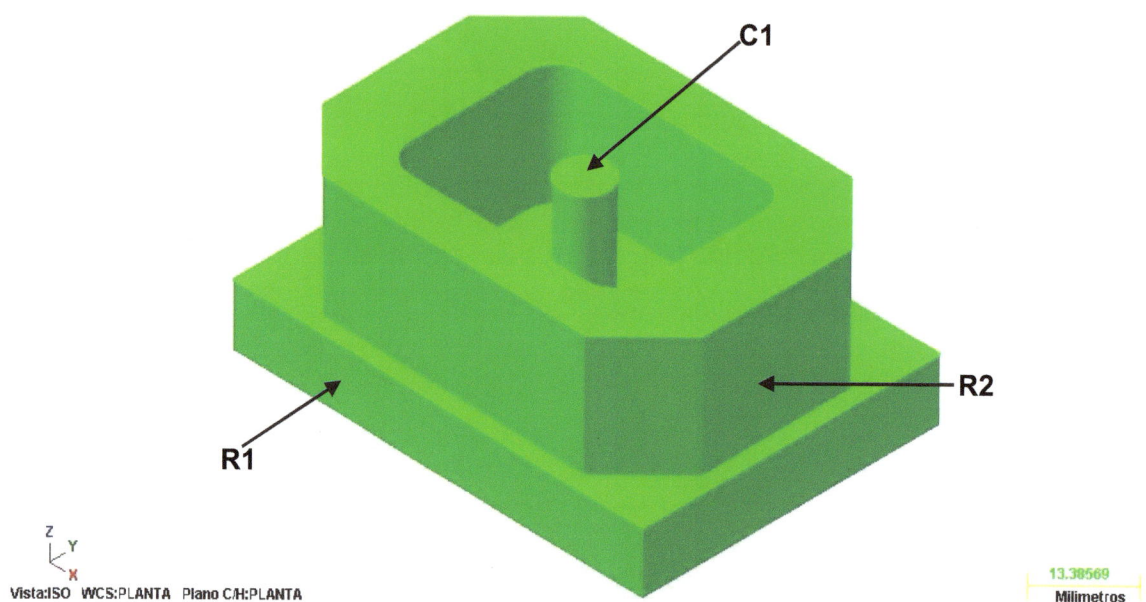

Figura 30. Selección de entidades a aplicar Booleana.

5.- PRÁCTICA 3. DISEÑO CON PERFORACIONES.

Paso 1. Crear Base "Isla"

Seleccionar en el menú de referencia la opción **Crear**, se despliega un menú, elegir la opción **Crear Rectángulo**, introducir las coordenadas en el cuadro de diálogo **"X 35.00"**, **"Y 25.00"**, **"Z 0.00"** (Fig. 31), posteriormente selecciona el icono **Centrado** e inserte los valores en el cuadro de diálogo **"Ancho 70.0"**, **"Altura 50.0"** (Fig. 32), teclear **Enter** para confirmar el rectángulo **R1** y finalizar la tarea.

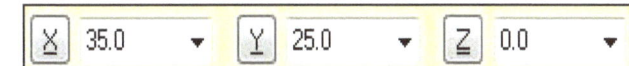

Figura 31. Introducir las coordenadas como se muestra en el cuadro de diálogo.

Figura 32. Introducir las coordenadas como se muestra en el cuadro de diálogo.

Continuando con la creación de **Rectángulos** se utiliza el mismo procedimiento, introduciendo los valores como se indica a continuación:

Tabla 1. Coordenadas rectángulos.

Rectángulo	Coordenadas			Ancho	Altura
	X	Y	Z		
R2	35.0	25.0	0.0	65.00	45.00
R3	51.25	25.0	0.0	25.00	25.00

Paso 2. Crear Acuerdo Entidades.

Seleccionar en el menú de referencia la opción **Crear**, se despliega un menú, elegir la opción **Acuerdo**, se despliega un submenú, seleccionar la opción **Acuerdo Entidades**, aparece un cuadro de diálogo en la parte superior de la pantalla (Fig. 33) **"Radio 6.00"**; elegir los Vértices **V1** y **V2**, (Fig. 34) para crear los acuerdos, teclea **Enter** para finalizar tarea.

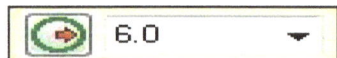

Figura 33. Introducir los valores como se muestra en el cuadro de diálogo.

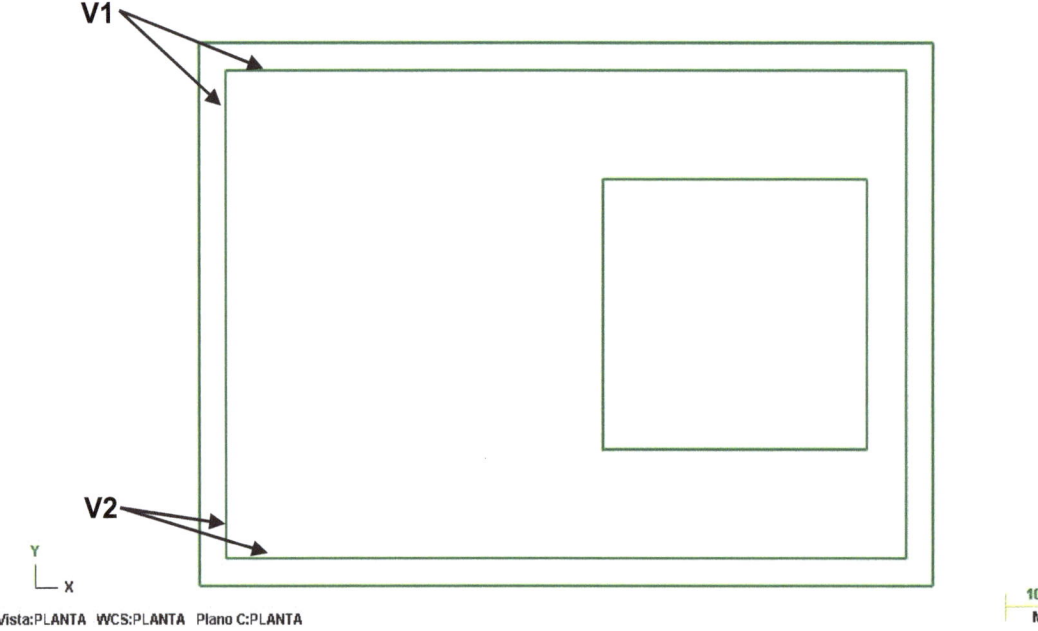

Figura 34. Selección de entidades.

Paso 3. Chaflanar Entidades.

Seleccionar en el menú de referencia la opción **Crear**, se despliega un menú, elegir la opción **Chaflán**, se despliega un submenú, seleccionar la opción **Chaflanar Entidades**, aparece un cuadro de diálogo en la parte superior de la pantalla (Fig. 35) **"Distancia 5.00"**; elegir los Vértices **B1**, **B2**, **B3**, y **B4** (Fig. 36) para crear los acuerdos, teclea **Enter** para finalizar tarea.

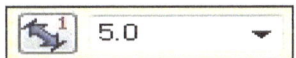

Figura 35. Introducir los valores como se muestra en el cuadro de diálogo.

Paso 4. Crear Circulo Punto Centro.

Seleccionar en el menú de referencia la opción **Crear**, se despliega un menú, elegir la opción **Arco,** se despliega un submenú, seleccionar la opción **Crear Circulo Punto Centro**, posteriormente introducir las coordenadas en el cuadro de diálogo **"X 8.5"**, **"Y 41.5"**, **"Z 0.00"** (Fig. 37), posteriormente se introducen los valores del cuadro de diálogo **"Radio 3.5"**, **"Diámetro 6.00"** (Fig. 38), teclear **Enter** para confirmar el circulo **C1** y finalizar la tarea.

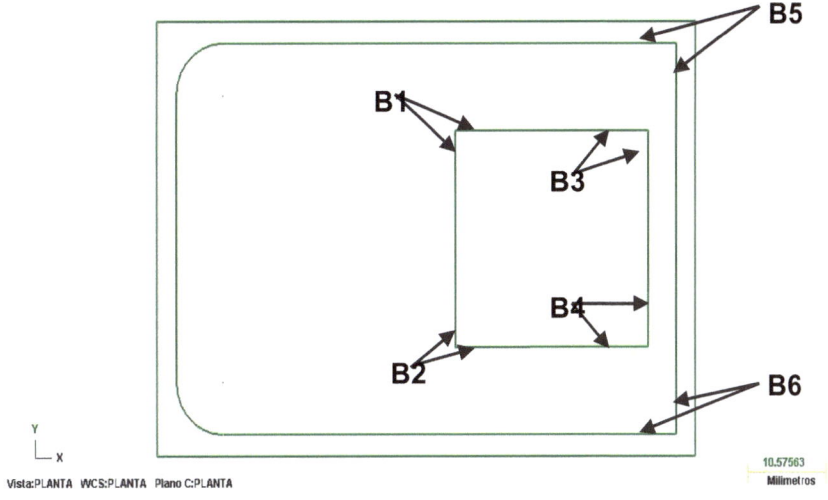

Figura 36. Entidades a Trasladar.

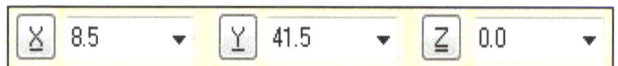

Figura 37. Introducir las coordenadas como se muestra en el cuadro de diálogo.

Figura 38. Introducir las coordenadas como se muestra en el cuadro de diálogo.

Continuando con la creación de los **Círculos Punto Centro** se utiliza el mismo procedimiento, introduciendo los valores como se indica a continuación:

Tabla 2. Coordenadas círculos punto centro.

Circulo	Coordenadas			Radio	Diámetro
	X	Y	Z		
C2	28.97	41.5	0.00	3.0	6.0
C3	8.5	8.5	0.00	3.0	6.0
C4	28.97	8.5	0.00	3.0	6.0
C5	18.73	25.0	0.00	5.0	10.0

Paso 5. Editar Trasladar en Z.

Seleccionar el icono **Vista Isométrica** elegir el icono **Ajustar a pantalla**, posteriormente seleccionar el icono **Editar Trasladar** seleccionar las entidades a trasladar **B1** y **B2** como se muestra en la Fig. 39, teclear **Enter** para confirmar la operación. En seguida aparecerá un cuadro de diálogo (Fig. 40), activar la opción **Mover,** insertar el valor de **Z -20.0**, para confirmar el traslado de las entidades elegir el icono de **OK**.

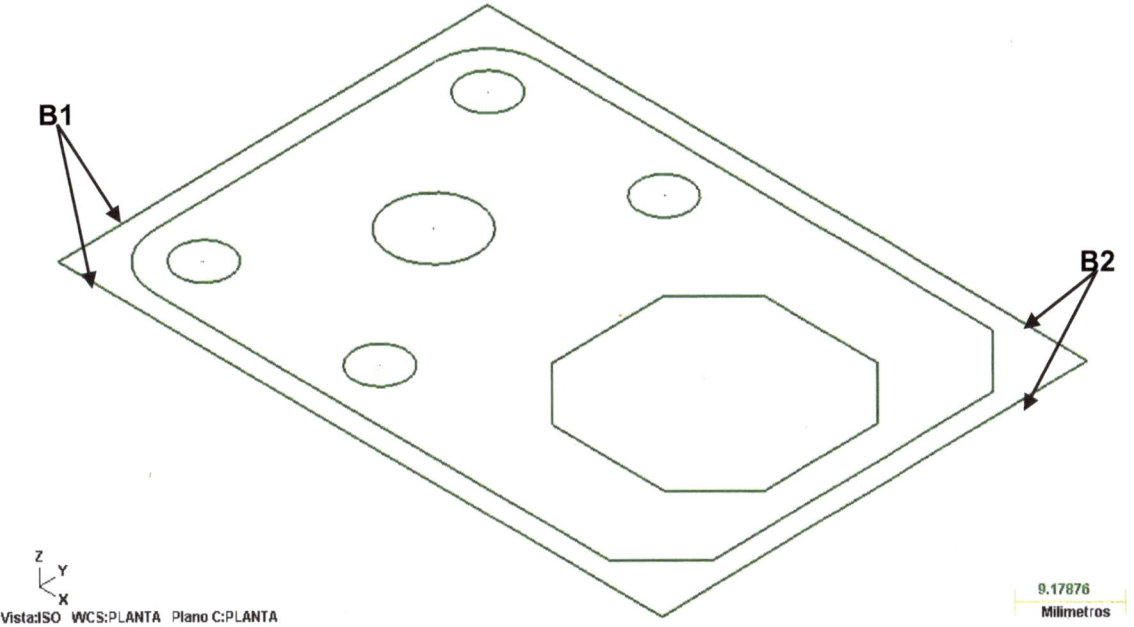

Figura 39. seleccion de entidades.

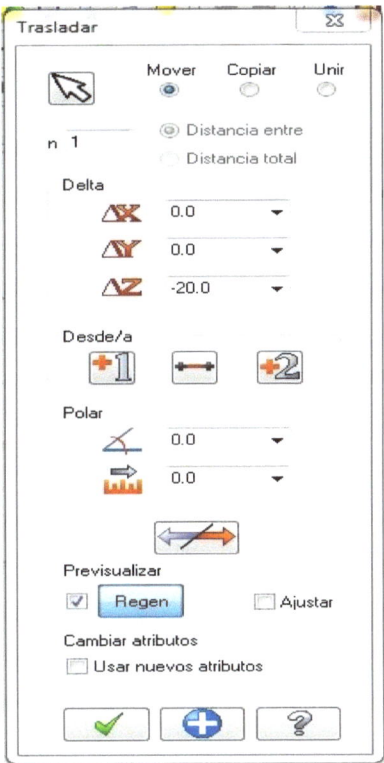

Figura 40. Cuadro de diálogo Trasladar.

Paso 6. Extrusión de la base.

Seleccionar en el menú de referencia la opción **Solidos**, se despliega un menú, elegir la opción **Extrusión**, aparecerá un cuadro de dialogo (Fig. 41), activa la opción **3D** y **Cadena**, seleccionar las entidades **R1**, como se indica en la Fig. 42, teclear **Enter** para confirmar la operación, inmediatamente aparecerá un segundo cuadro de diálogo (Fig. 43), Activar la opción **Crear Cuerpo** y **Extender una distancia específica**, introducir el valor de **"Distancia 10.0"**, posteriormente selecciona el icono de **OK**, para confirmar la extrusión de la figura.

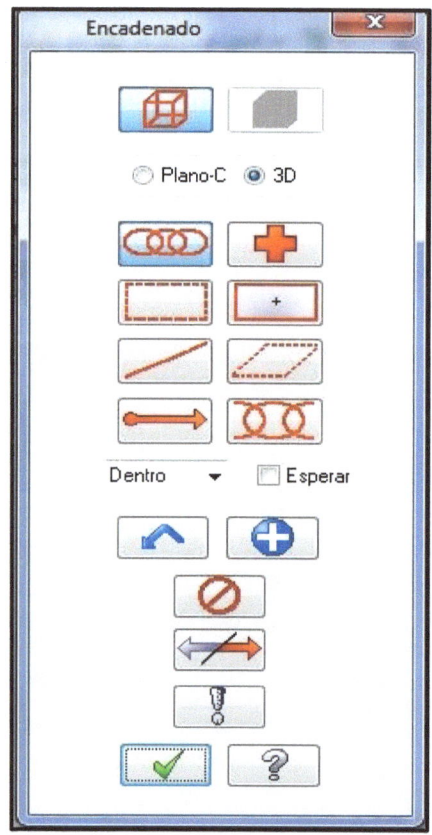

Figura 41. Cuadro de diálogo encadenado.

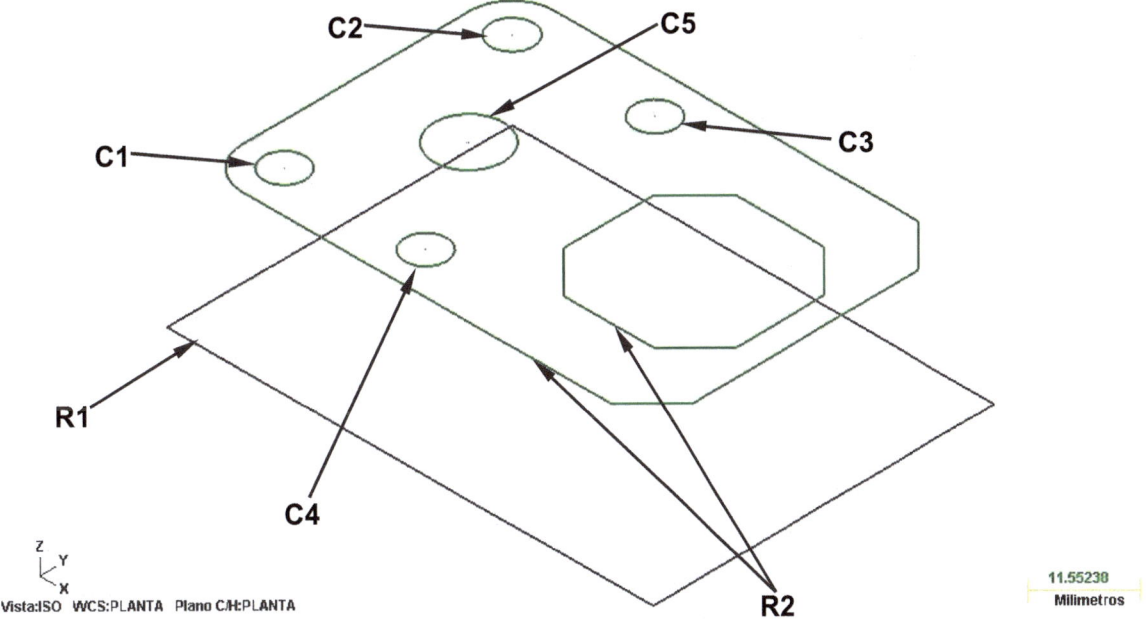

Figura 42. Seleccion de entidades.

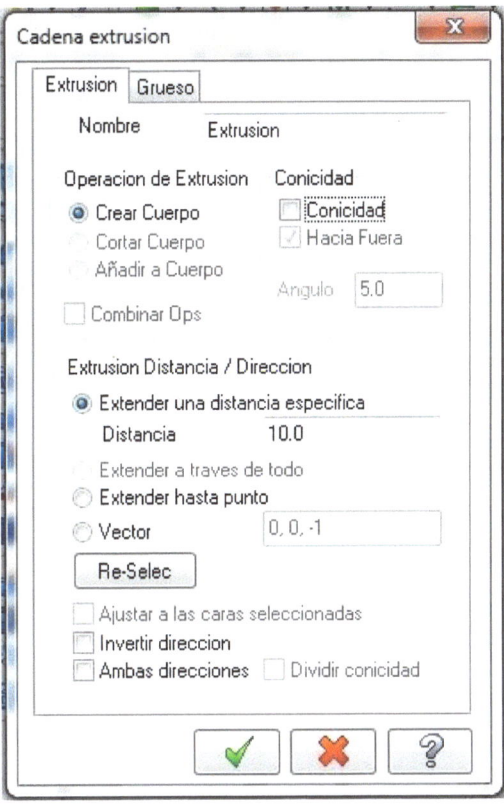

Figura 43. Cuadro de diálogo Cadena Extrusión.

Continuando con la **Extrusión** de la pieza (Fig. 42) se utiliza el mismo procedimiento, introduciendo los valores como se indica a continuación:

Tabla 3. Valores de las entidades a extrusionar.

Selección de Entidades	Distancia
R2, R3, C1, C2, C3, C4, C5	20.0

Para observar la pieza solida (Fig. 44) selecciona el icono **Shade**, y automáticamente la pieza se solidificara.

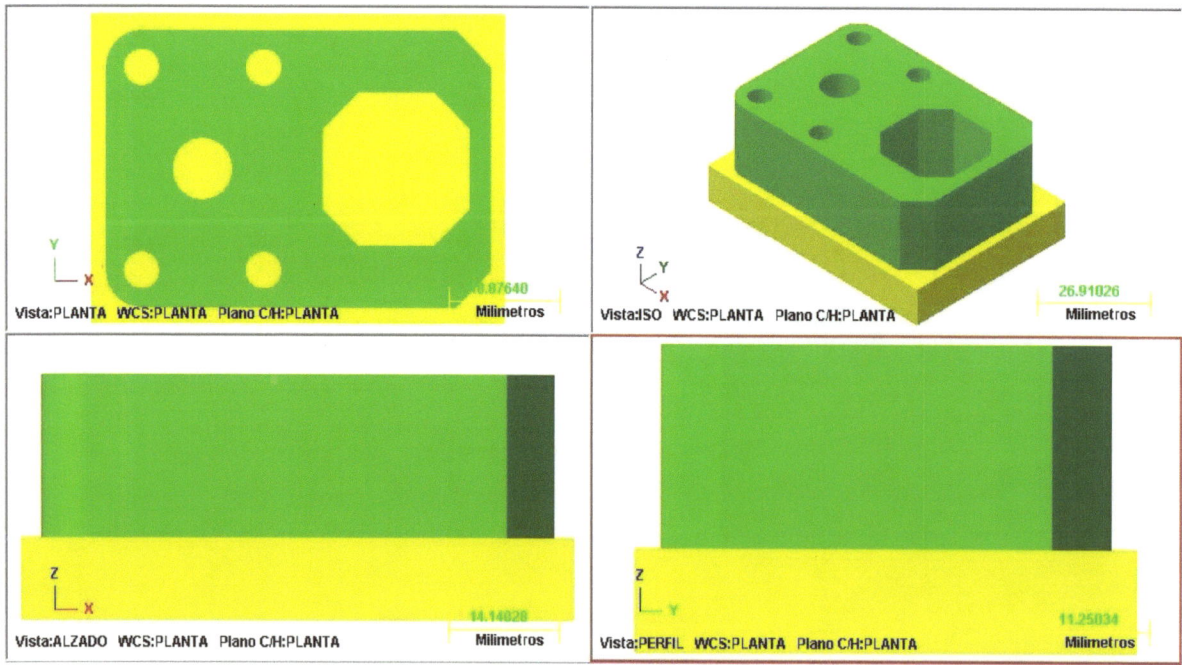

Figura 44. Pieza en 3D.

Paso 7. Booleana Añadir.

Seleccionar en el menú de referencia la opción **Solidos**, se despliega un menú, elegir la opción **Booleana Añadir**, seleccionar las caras de las entidades **B1**, y **B2** como se indica en la Fig. 45, teclear **Enter** para confirmar y finalizar la operación Booleana.

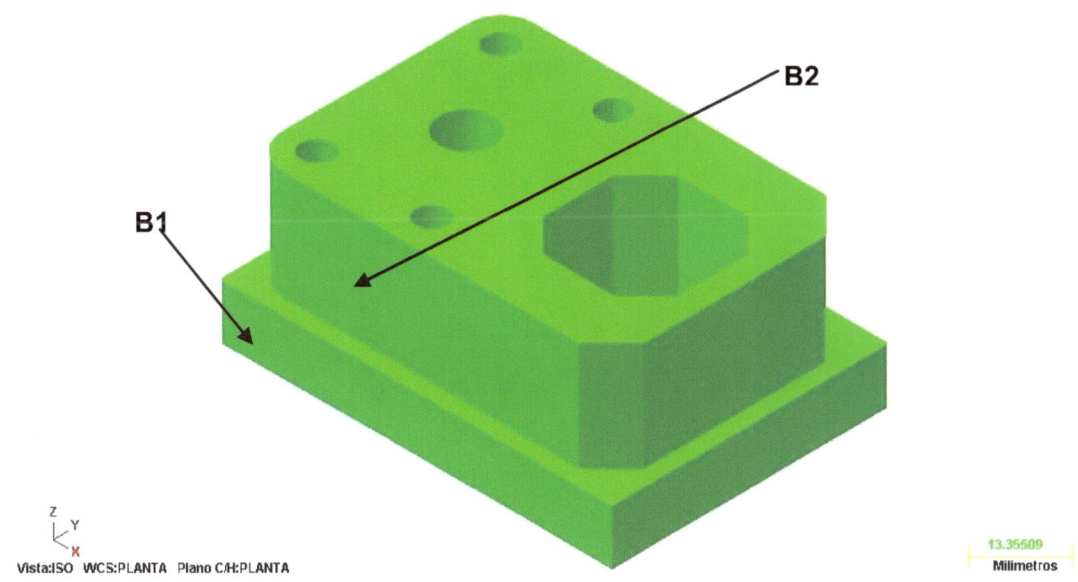

Figura 45. Selección de entidades a aplicar Booleana.

6.- PRACTICA 4. LOGO THUNDERCATS

Paso 1. Crear Base (Billet).

Seleccionar en el menú de referencia la opción **Crear**, se despliega un menú, elegir la opción **Crear Rectángulo**, introducir las coordenadas en el cuadro de diálogo **"X 0.00"**, **"Y 0.00"**, **"Z 0.00"** (Fig. 46), posteriormente insertar los valores en el cuadro de diálogo **"Ancho 70.0"**, **"Altura 70.0"** (Fig. 47), teclear **Enter** para confirmar el rectángulo **R1** y finalizar la tarea.

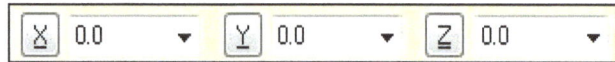

Figura 46. Introducir las coordenadas como se muestra en el cuadro de diálogo.

Figura 47. Introducir los valores como se muestra en el cuadro de diálogo.

Paso 2. Crear Circulo Punto Centro.

Seleccionar en el menú de referencia la opción **Crear**, se despliega un menú, elegir la opción **Arco,** se despliega un submenú, seleccionar la opción **Crear Circulo Punto Centro**, posteriormente introducir las coordenadas en el cuadro de diálogo **"X 30.5"**, **"Y 37"**, **"Z 11"** (Fig. 48), posteriormente se introducen los valores del cuadro de diálogo **"Radio 11"**, **"Diámetro 22"** (Fig. 49), teclear **Enter** para confirmar el circulo **C1** y finalizar la tarea.

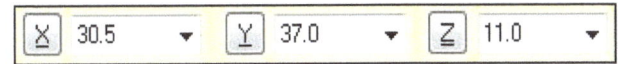

Figura 48. Introducir las coordenadas como se muestra en el cuadro de diálogo.

Figura 49. Introducir los valores como se muestra en el cuadro de diálogo.

Paso 3. Crear Arco 3 puntos.

Seleccionar en el menú de referencia la opción **Crear**, se despliega un menú, elegir la opción **Arco**, se despliega un submenú, seleccionar la opción **Crear Arco 3 Puntos**, posteriormente se introducir las coordenadas del primer punto "**X 24.92305**", "**Y 56.36532**", "**Z 0.0**", se introducen las coordenadas del segundo punto, "**X 25.5159**", "**Y 54.36354**", "**Z 0.0**", posteriormente se introducen las coordenadas del tercer y último punto "**X 26.97074**", "**Y 52.86618**", "**Z 0.0**" teclear **Enter** para confirmar el arco **AR1** . Continuando con la creación de *Arcos 3 Puntos* se utiliza el mismo procedimiento, introduciendo los valores como se indica a continuación:

Tabla 1. Coordenadas arcos 3 puntos.

Arco	Coordenadas Primer punto			Coordenadas Segundo punto			Coordenadas Tercer punto		
	X	Y	Z	X	Y	Z	X	Y	Z
AR2	17.72	45.71	0.0	23.45447	47.88327	0.0	28.7	51.06	0.0
AR3	28.7	51.06	0.0	42.08501	56.5557	0.0	56.52012	57.55	0.0
AR4	53.18	53.77	0.0	49.79303	52.27179	0.0	46.24	53.5	0.0
AR5	44.22	54.83	0.0	42.97769	54.33654	0.0	43.0	53.0	0.0
AR6	47.5	50.0	0.0	50.0	49.7	0.0	52.5	50.0	0.0
AR7	58.0	55.0	0.0	64.90464	40.6982	0.0	62.5	25.0	0.0
AR8	62.5	25.0	0.0	60.75825	26.60084	0.0	58.42	26.92	0.0
AR9	58.42	26.96	0.0	56.28166	39.31756	0.0	45.57	45.84	0.0
AR10	45.57	45.84	0.0	44.63469	44.553	0.0	45.97	43.2	0.0
AR11	45.97	43.2	0.0	55.10462	30.53185	0.0	49.2	19.45	0.0
AR12	49.2	19.45	0.0	45.1247	17.41495	0.0	42.9	13.44	0.0
AR13	42.9	13.44	0.0	44.90378	9.05811	0.0	49.72	9.2	0.0
AR14	49.72	9.2	0.0	37.16775	2.99804	0.0	27.1	6.62	0.0
AR15	27.1	6.62	0.0	37.59968	15.75154	0.0	36.74	29.64	0.0
AR16	36.74	29.64	0.0	32.78435	33.37801	0.0	27.37	33.93	0.0
AR17	27.37	33.93	0.0	20.88166	31.47107	0.0	15.98	26.56	0.0
AR18	15.98	26.56	0.0	14.57908	17.45363	0.0	20.13	10.1	0.0
AR19	20.13	10.1	0.0	13.17488	13.59575	0.0	8.75	20.0	0.0
AR20	8.75	20.0	0.0	8.06083	22.019	0.0	6.21	23.08	0.0
AR21	6.21	23.08	0.0	5.22681	28.20412	0.0	5.81	32.18	0.0
AR22	5.81	32.18	0.0	6.04867	34.35571	0.0	4.87	36.0	0.0
AR23	20.44	44.06	0.0	20.12065	42.9475	0.0	20.94	42.13	0.0
AR24	28.43	48.93	0.0	29.33484	49.53186	0.0	30.41	49.69	0.0
AR25	36.34	51.52	0.0	37.23711	50.69692	0.0	37.2	49.48	0.0
AR26	31.8	44.73	0.0	30.73635	44.30132	0.0	29.59	44.27	0.0

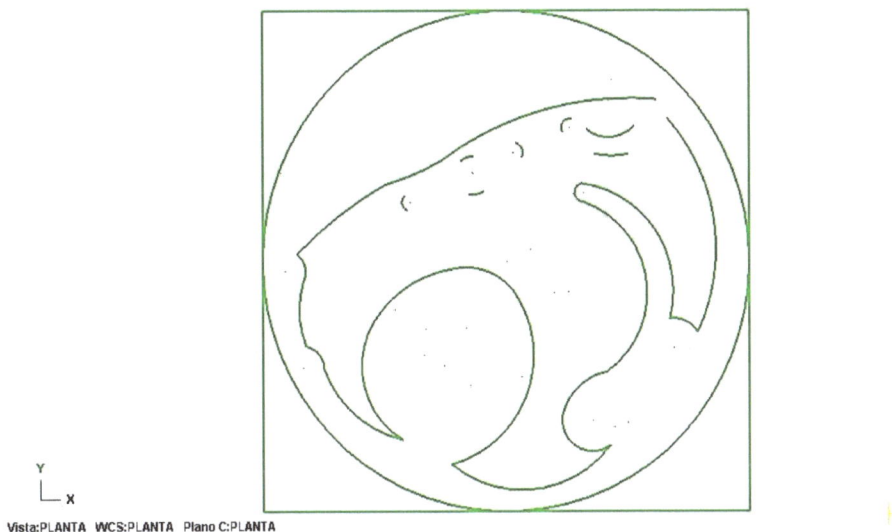

Figura 50. Resultado de la creación de 3 puntos.

Paso 4. Crear Línea Extremo.

Seleccionar el icono **Crear Línea Extremo**, introducir las coordenadas del punto inicial en el cuadro de diálogo **"X 56.52012"**, **"Y 57.55"**, **"Z 0.0"** (Fig. 51), posteriormente insertar los valores en el cuadro de diálogo **"Longitud 5.04428"**, **"Ángulo 228.53554"** (Fig. 52), teclear **Enter** para confirmar la línea **L1** y finalizar la tarea.

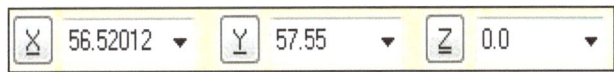

Figura 51. Introducir las coordenadas como se muestra en el cuadro de diálogo.

Figura 52. Introducir los valores como se muestra en el cuadro de diálogo.

Continuando con la creación de *Líneas Extremo* se utiliza el mismo procedimiento, introduciendo los valores como se indica a continuación:

Tabla 2. Coordenadas de líneas extremo.

Línea	Coordenadas			Longitud	Ángulo
	X	Y	Z		
L2	46.24	53.5	0.0	2.41853	146.63943
L3	43.0	53.0	0.0	5.40833	326.30993
L4	52.5	50.0	0.0	7.43303	42.27369
L5	20.44	44.06	0.0	31.3628	9.35719
L6	20.94	42.13	0.0	8.91079	13.89589
L7	30.41	49.69	0.0	6.20595	17.15026
L8	31.8	44.73	0.0	7.19164	41.33581

Paso 5. Editar Trasladar en Z (Figura).

Seleccionar el icono **Vista Isométrica**, elegir el icono **Ajustar a pantalla**, posteriormente seleccionar el icono **Editar Trasladar**, elegir las entidades a trasladar **B1** y **B2** como se muestra en la Fig. 53, teclear **Enter** para confirmar la operación. En seguida aparecerá un cuadro de diálogo (Fig. 54), activar la opción **Mover**, insertar el valor de **Z -4.0**, seleccionar el icono de **OK** para confirmar y finalizar la operación.

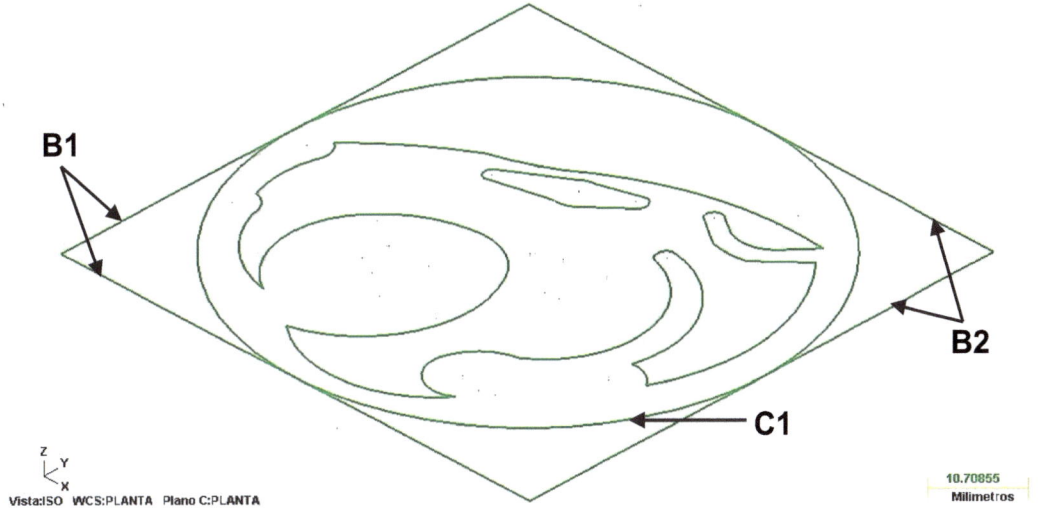

Figura 53. Selección de entidades a Trasladar.

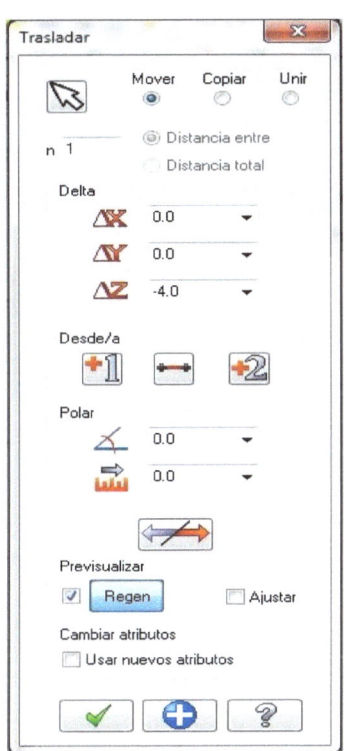

Figura 54. Cuadro de diálogo Trasladar.

Continuando con el *Traslado* de la pieza (Fig. 53) se utiliza el mismo procedimiento, introduciendo los valores como se indica a continuación:

Tabla 3. Valores de las entidades a trasladar.

Selección de Entidades	Tipo de Traslado	Valor en Z
C1	Mover	-2.0

Paso 6. Extrusión de la Pieza.

Seleccionar en el menú de referencia la opción **Solidos**, se despliega un menú, elegir la opción **Extrusión**, aparecerá un cuadro de dialogo (Fig. 55), activa la opción **3D** y **Cadena**, seleccionar las entidades **B1**, como se indica en la Fig.56, teclear **Enter** para confirmar la operación, inmediatamente aparecerá un segundo cuadro de diálogo (Fig. 57), Activar la opción **Crear Cuerpo** y **Extender una distancia específica**, introducir el valor de **"Distancia 36.0"**, posteriormente selecciona el icono de **OK**, para confirmar la extrusión de la figura.

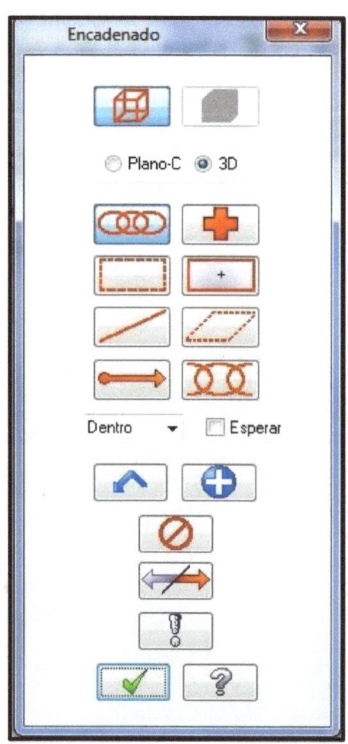

Figura 55. Cuadro de diálogo Encadenado.

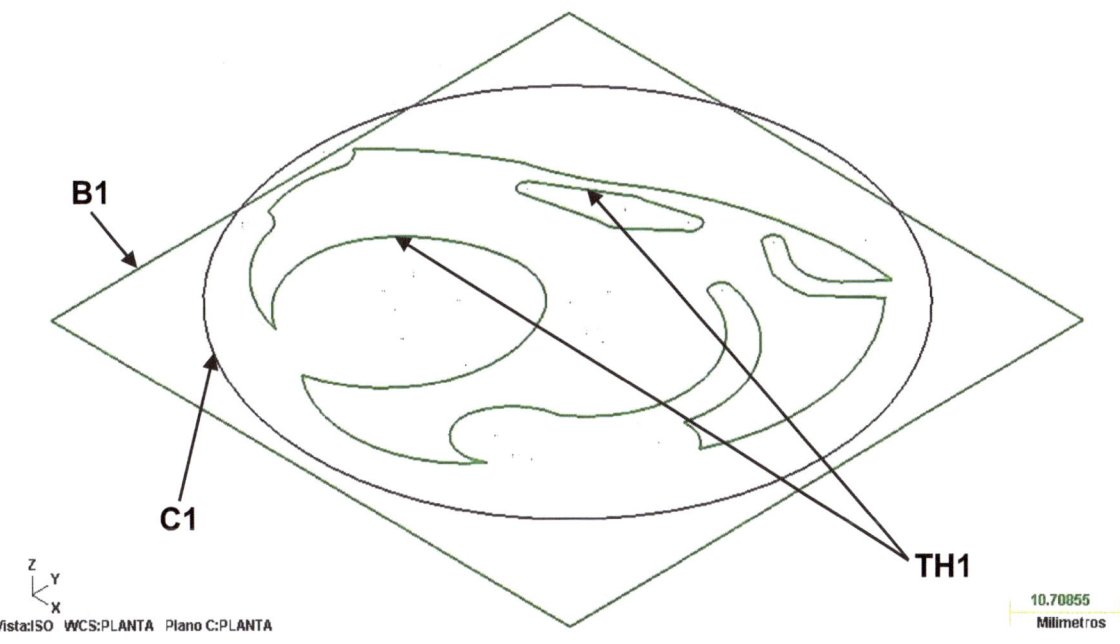

Figura 56. Selección de entidades a Extrucionar.

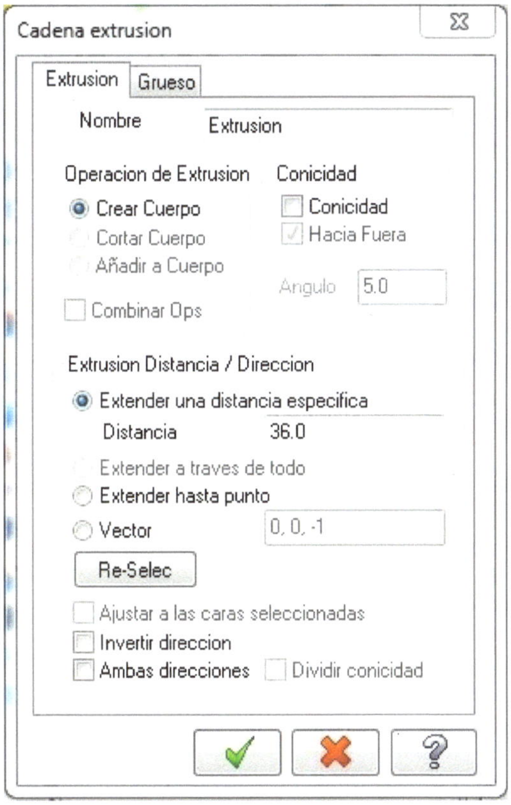

Figura 57. Cuadro de diálogo Cadena extrusión.

Continuando con la *Extrusión* de la pieza (Fig. 56) se utiliza el mismo procedimiento, introduciendo los valores como se indica a continuación:

Tabla 4. Valores de las entidades a extrusionar

Selección de Entidades	Distancia
C1	2.0
TH1	2.0

Para observar la pieza solida (Fig. 58) selecciona el icono **Shade** 🔵 , y automáticamente la pieza se solidificara.

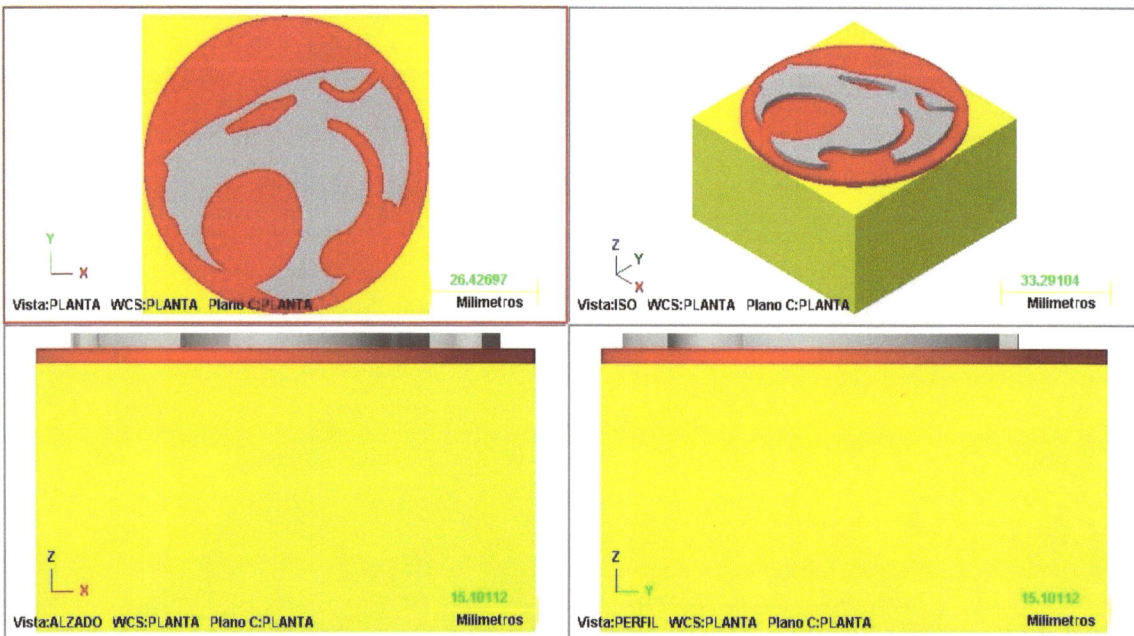

Figura 58. Visualización en 4 vistas del diseño en 3D.

Paso 7. Booleana Añadir.

Seleccionar en el menú de referencia la opción **Solidos**, se despliega un menú, elegir la opción **Booleana Añadir**, seleccionar las caras de las entidades **B1**, **B2 y B3** como se indica en la Fig. 59, teclear **Enter** para confirmar y finalizar la operación Booleana.

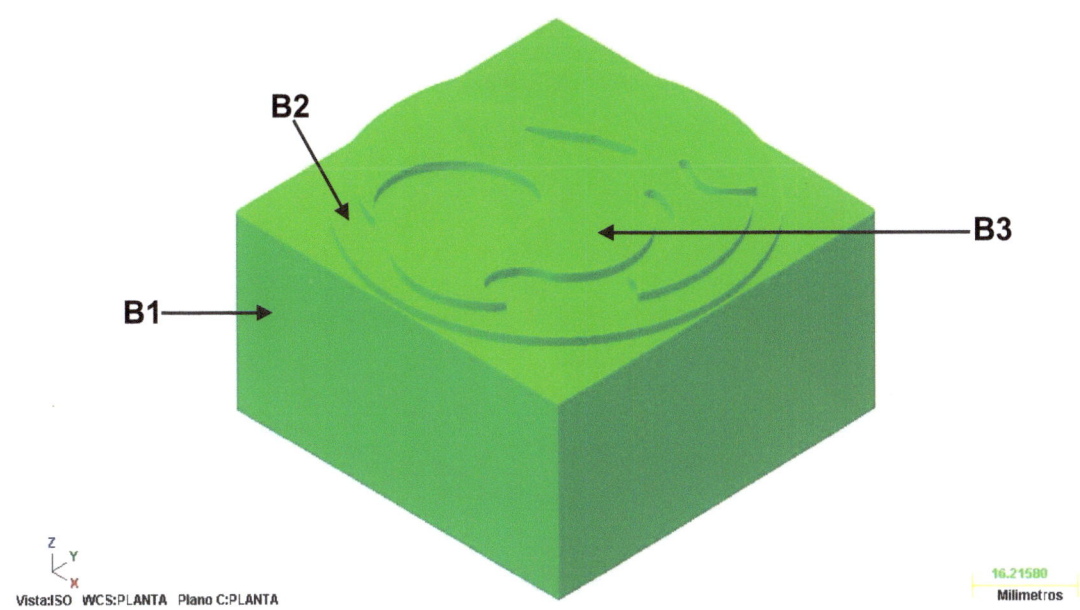

Figura 59. Selección de entidades a aplicar booleana.

7.- PRACTICA 5. ESCUDO.

Paso 1. Crear Base Billet.

Seleccionar en el menú de referencia la opción **Crear**, se despliega un menú, elegir la opción **Crear Rectángulo**, introducir las coordenadas en el cuadro de diálogo **"X 0.00", "Y 0.00", "Z 0.00"** (Fig. 60), posteriormente insertar los valores en el cuadro de diálogo **"Ancho 70.0", "Altura 70.0"** (Fig. 61), teclear **Enter** para confirmar el rectángulo **R1** y finalizar la tarea.

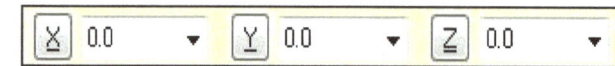

Figura 60. Introducir las coordenadas como se muestra en el cuadro de diálogo.

Figura 61. Introducir los valores como se muestra en el cuadro de diálogo.

Paso 2. Crear Arco 3 puntos (Escudo).

Seleccionar en el menú de referencia la opción **Crear**, se despliega un menú, elegir la opción **Arco**, se despliega un submenú, seleccionar la opción **Crear Arco 3 Puntos**, posteriormente se introducir las coordenadas del primer punto **"X 35.0", "Y 2.0", "Z 0.0"**, se introducen las coordenadas del segundo punto, **"X 9.22786", "Y 26.7609", "Z 0.0"**, posteriormente se introducen las coordenadas del tercer y último punto **"X 8.5", "Y 62.5", "Z 0.0"** teclear **Enter** para confirmar el arco **ACR1**. Continuando con la creación de *Arcos 3 Puntos* se utiliza el mismo procedimiento, introduciendo los valores como se indica a continuación:

Tabla 1. Coordenadas arcos 3 puntos.

Arco	Coordenadas Primer punto			Coordenadas Segundo punto			Coordenadas Tercer punto		
	X	Y	Z	X	Y	Z	X	Y	Z
ACR2	35.0	2.0	0.0	60.77214	26.76509	0.0	61.5	62.5	0.0
ACR3	8.5	62.5	0.0	35.0	67.5	0.0	61.5	62.5	0.0
ACR4	35.0	4.0	0.0	23.73728	10.75608	0.0	14.90474	20.47616	0.0
ARC5	13.60344	22.53293	0.0	7.46373	41.3601	0.0	10.0	61.0	0.0
ARC6	35.0	4.0	0.0	52.11798	16.52804	0.0	61.59552	35.50574	0.0
ARC7	62.38797	40.0	0.0	62.44426	59.64217	0.0	60.0	61.0	0.0
ARC8	10.0	61.0	0.0	35.0	66.04207	0.0	60.0	61.0	0.0

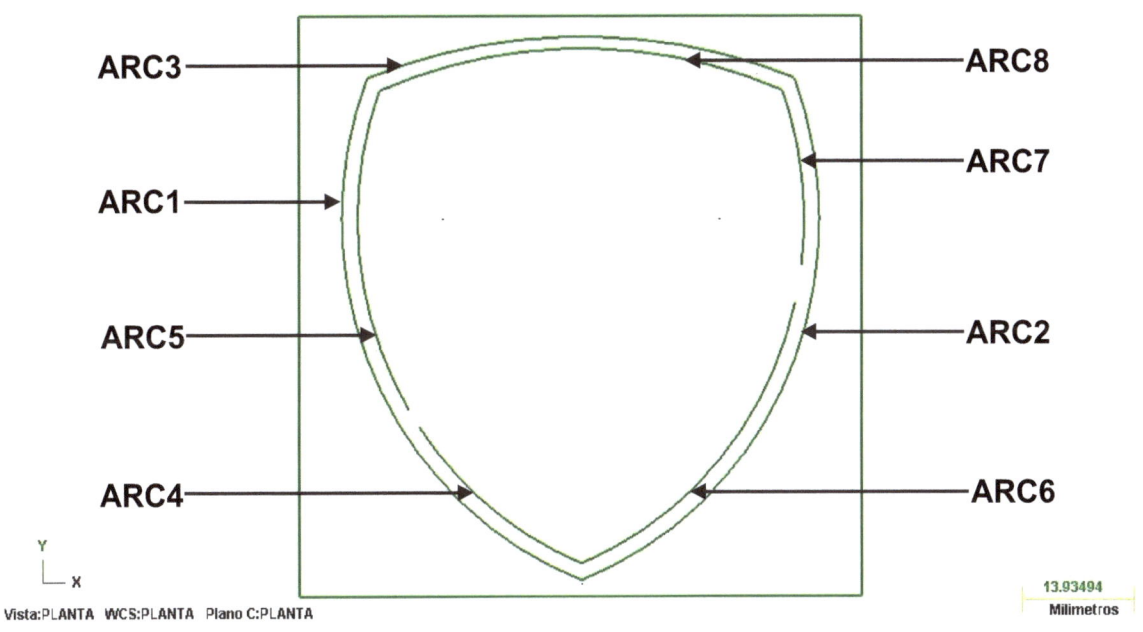

Figura 62. Arcos 3 puntos.

Paso 3. Crear Línea Extremo (Cañón).

Seleccionar el icono **Crear Línea Extremo**, introducir las coordenadas del punto inicial en el cuadro de diálogo "**X 18.0**", "**Y 40.0**", "**Z 0.0**" (Fig. 63), posteriormente insertar los valores en el cuadro de diálogo "**Longitud 11.59167**", "**Ángulo 0.0**" (Fig. 64), teclear **Enter** para confirmar la línea **LC1** y finalizar la tarea.

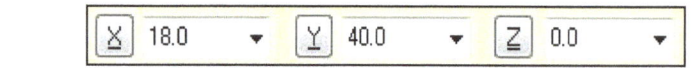

Figura 63. Introducir las coordenadas como se muestra en el cuadro de diálogo.

Figura 64. Introducir las coordenadas como se muestra en el cuadro de diálogo.

Continuando con la creación de *Líneas Extremo* se utiliza el mismo procedimiento, introduciendo los valores como se indica a continuación:

Tabla 2. Coordenadas líneas extremo

Línea	Coordenadas			Longitud	Ángulo
	X	Y	Z		
LC2	40.40833	40.0	0.0	21.97964	0.0
LC3	15.0	38.0	0.0	1.5	0.0
LC4	15.0	35.0	0.0	1.5	0.0
	Coordenadas				

Línea	X	Y	Z	Longitud	Ángulo
LC5	18.0	33.0	0.0	6.69224	0.0
LC6	45.44114	49.0	0.0	3.66839	14.03633
LC7	50.96043	34.86763	0.0	10.65422	3.43364

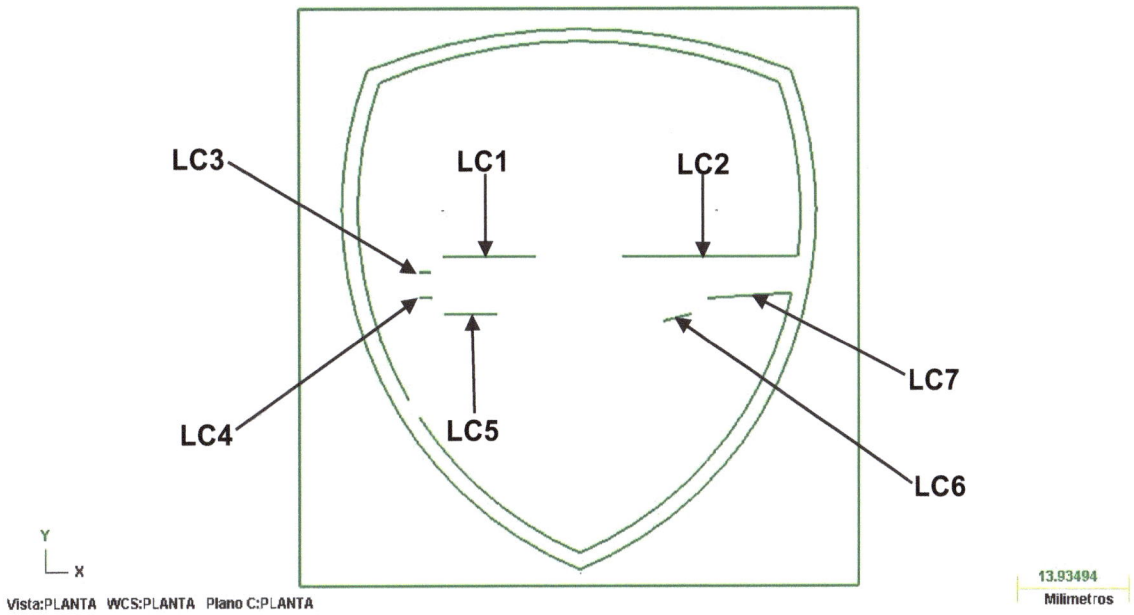

Figura 65. Diseño del Cañón.

Paso 4. Crear Arco 3 puntos (Cañón).

Seleccionar en el menú de referencia la opción **Crear**, se despliega un menú, elegir la opción **Arco**, se despliega un submenú, seleccionar la opción **Crear Arco 3 Puntos**, posteriormente se introducir las coordenadas del primer punto "**X 15.0**", "**Y 35.0**", "**Z 0.0**", introducir las coordenadas del segundo punto "**X 14.5**", "**Y 36.5**", "**Z 0.0**", posteriormente se introducen las coordenadas del tercer y último punto "**X 15.0**", "**Y 38.0**", "**Z 0.0**" teclear **Enter** para confirmar el arco **AC1** . Continuando con la creación de *Arcos 3 Puntos* se utiliza el mismo procedimiento, introduciendo los valores como se indica a continuación:

Tabla 3. Coordenadas arcos 3 puntos.

Arco	Coordenadas Primer punto			Coordenadas Segundo punto			Coordenadas Tercer punto		
	X	Y	Z	X	Y	Z	X	Y	Z
AC2	16.5	38.0	0.0	17.08772	39.12171	0.0	18.0	40.0	0.0
AC3	16.5	35.0	0.0	17.08772	33.87829	0.0	18.0	33.0	0.0
AC4	24.69224	33.0	0.0	26.39774	37.02089	0.0	29.59167	40.0	0.0
AR5	45.44114	32.11028	0.0	43.85231	36.64684	0.0	40.40833	40.0	0.0
AR6	49.0	33.0	0.0	50.21613	33.68618	0.0	50.96043	34.86763	0.0
AC7	24.58958	29.63136	0.0	25.17373	27.29939	0.0	26.27298	25.16141	0.0
AC8	24.58958	29.63136	0.0	20.70688	26.13758	0.0	16.18609	23.52141	0.0
AC9	16.18609	23.52141	0.0	14.90844	22.99144	0.0	13.60344	22.53293	0.0
AC10	26.27298	25.16141	0.0	21.98624	22.92851	0.0	17.47144	2,120,265	0.0
AC11	17.47144	21.20265	0.0	16.19386	20.81903	0.0	14.90474	20.47616	0.0

Paso 5. Crear Circulo Punto Centro (Rueda).

Seleccionar el icono **Crear Circulo Punto Centro** ⊕, posteriormente introducir las coordenadas en el cuadro de diálogo **"X 35.0"**, **"Y 31.0"**, **"Z 0.00"**, posteriormente se introducen los valores del cuadro de diálogo **"Radio 1.75"**, **"Diámetro 3.5"**, teclear **Enter** para confirmar el circulo **C1** (Fig. 66), para crear el Circulo **C2**, realiza el mismo procedimiento e introducir las coordenadas **"X 35.0"**, **"Y 31.0"**, **"Z 0.00"**, posteriormente introducir los valores en el cuadro de diálogo **"Radio 10.5"**, **"Diámetro 21.0"**.

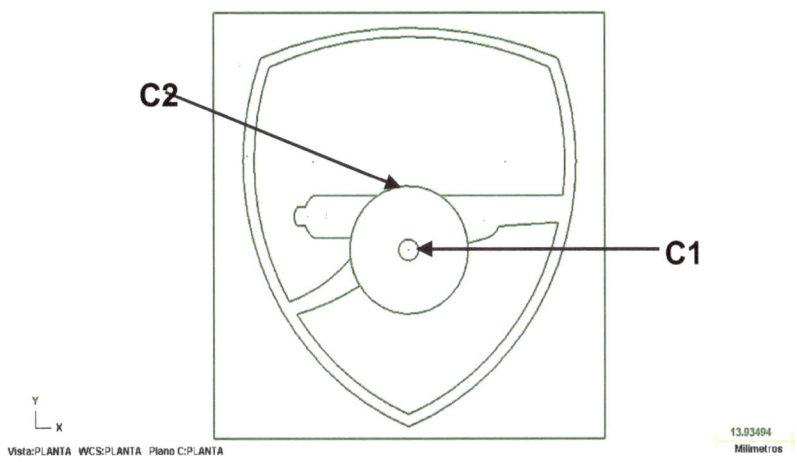

Figura 66. Círculo punto centro.

Paso 6. Crear Línea Extremo (Rueda).

Seleccionar el icono **Crear Línea Extremo**, introducir las coordenadas del punto inicial en el cuadro de diálogo **"X 34.5"**, **"Y 22.2643"**, **"Z 0.0"** (Fig. 67), posteriormente insertar los valores en el cuadro de diálogo **"Longitud 5.77766"**, **"Ángulo 90.0"** (Fig. 9), teclear **Enter** para confirmar la línea **LR1** y finalizar la tarea.

Figura 67. Introducir las coordenadas como se muestra en el cuadro de diálogo.

Figura 68. Introducir las coordenadas como se muestra en el cuadro de diálogo.

Continuando con la creación de **Líneas Extremo,** se realiza el mismo procedimiento introduciendo los valores como se indica a continuación:

Tabla 4. Coordenadas líneas extremo.

Línea	Coordenadas			Longitud	Ángulo
	X	Y	Z		
LC2	27.72654	26.13592	0.0	5.77028	30.96376
LC3	27.16704	27.10025	0.0	5.80255	30.96374
LC4	27.16709	34.89975	0.0	5.80255	329.03626
LC5	27.72654	35.86408	0.0	5.77028	329.03623
LC6	34.5	39.7357	0.0	5.77766	270.0

Paso 7. Crear Arco 3 puntos (Rueda).

Seleccionar el icono **Crear Arco 3 Puntos**, posteriormente se introducen las coordenadas del primer punto "**X 34.5**", "**Y 22.2643**", "**Z 0.0**", introducir las coordenadas del segundo punto "**X 30.65788**". "**Y 23.40339**", "**Z 0.0**", posteriormente se introducen las coordenadas del tercer y último punto "**X 27.72654**", "**Y 26.13592**", "**Z 0.0**" teclear **Enter** para confirmar el arco **AC1**.

Continuando con la creación de **Arcos 3 Puntos** se utiliza el mismo procedimiento, introduciendo los valores como se indica a continuación:

Tabla 5. Coordenadas arcos 3 puntos.

Arco	Coordenadas Primer punto			Coordenadas Segundo punto			Coordenadas Tercer punto		
	X	Y	Z	X	Y	Z	X	Y	Z
AC2	27.16709	27.10025	0.0	26.25	31.0	0.0	27.16709	34.89975	0.0
AC3	27.72654	35.86408	0.0	30.65788	38.59661	0.0	34.5	39.7357	0.0
AC4	34.5	28.04196	0.0	33.49063	28.40736	0.0	32.67451	29.10471	0.0
AC5	32.14268	30.08564	0.0	32.0	31.0	0.0	32.14274	31.91436	0.0
AC6	32.67451	32.89529	0.0	33.49063	33.59264	0.0	34.5	33.95804	0.0

Paso 8. Editar Espejo (Rueda).

Seleccionar el icono **Editar Espejo**, posteriormente elegir las entidades **V1, V2** y **V3** como se muestra en la Fig. 69, teclea **Enter** para confirmar la operación, aparece un cuadro de diálogo Fig. 70, activar la opción **Copiar** e introduce el valor del "**Eje X 35.0**", seleccionar el icono **OK**, para finalizar y confirmar la operación espejo.

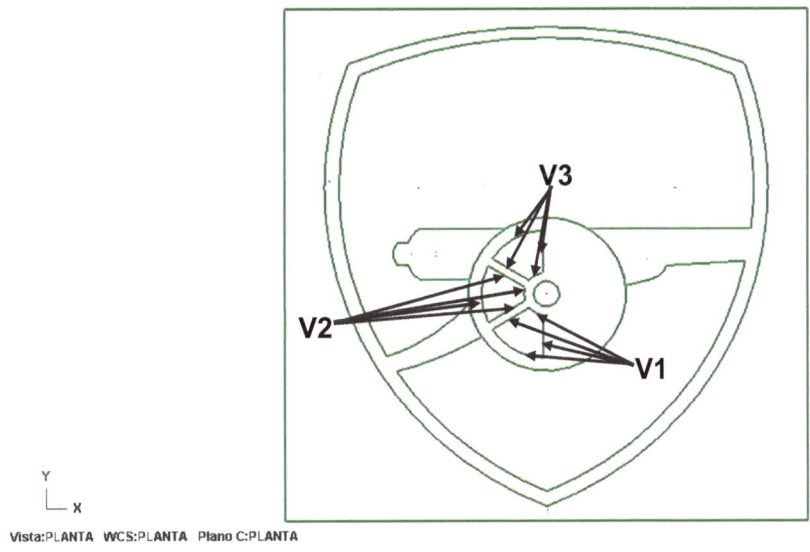

Figura 69. Selección de entidades.

Figura 70. Cuadro de diálogo Espejo.

Paso 9. Crear Letras.

Seleccionar en el menú de referencia la opción **Crear**, se despliega un menú, elegir la opción **Crear Letras**, aparece un cuadro de diálogo (Fig. 71) introducir texto **"ITSTA"**, posteriormente introducir los valores de los parámetros **"Altura 10.0"**, **"Espaciado 2.0"**. Seleccionar la opción **"True Type (R)"**, enseguida aparece un segundo cuadro de diálogo (Fig. 72), seleccionar la fuente "**Arial**" estilo de fuente **"Negra"** tamaño **"18"**, y seleccionar la opción aceptar, para confirmar la operación selecciona el icono **OK**, y finalmente introducir las coordenadas **"X 11.08861"**, **"Y 46.77103"**, **"Z 0.0**, teclear **Enter**, para finalizar la operación y automáticamente aparecerá el texto.

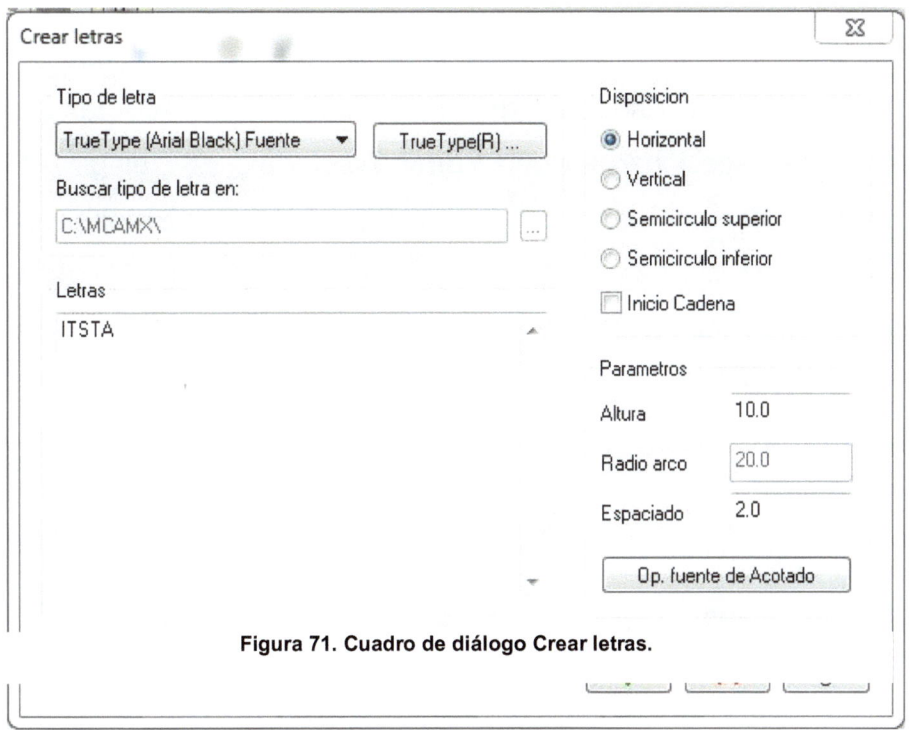

Figura 71. Cuadro de diálogo Crear letras.

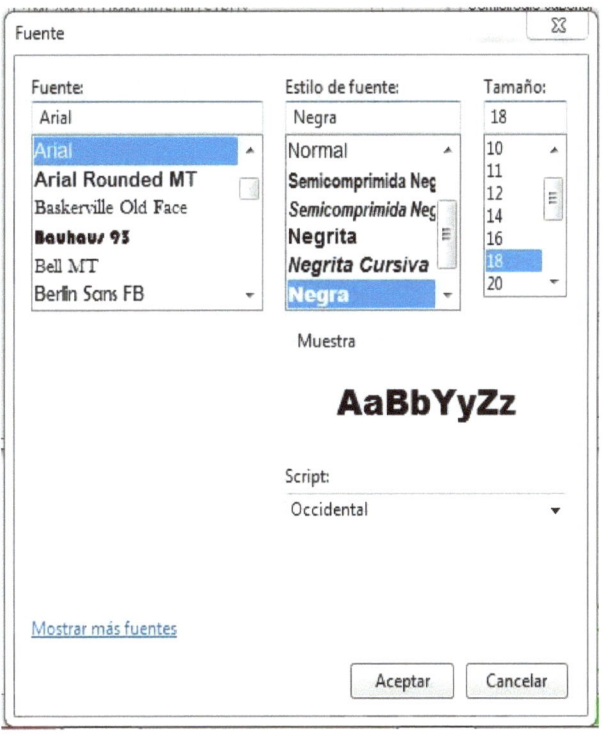

Figura 72. Cuadro de diálogo fuente.

Paso 10. Editar Trasladar en Z

Seleccionar el icono **Vista Isométrica** , elegir el icono **Ajustar a pantalla** , posteriormente seleccionar el icono **Editar Trasladar** , elegir las entidades a trasladar **B1** y **B2** como se muestra en la Fig. 73, teclear **Enter** para confirmar la operación. En seguida aparecerá un cuadro de diálogo (Fig. 74), activar la opción **Mover,** insertar el valor de **Z -6.0**, seleccionar el icono de **OK** para confirmar y finalizar la operación.

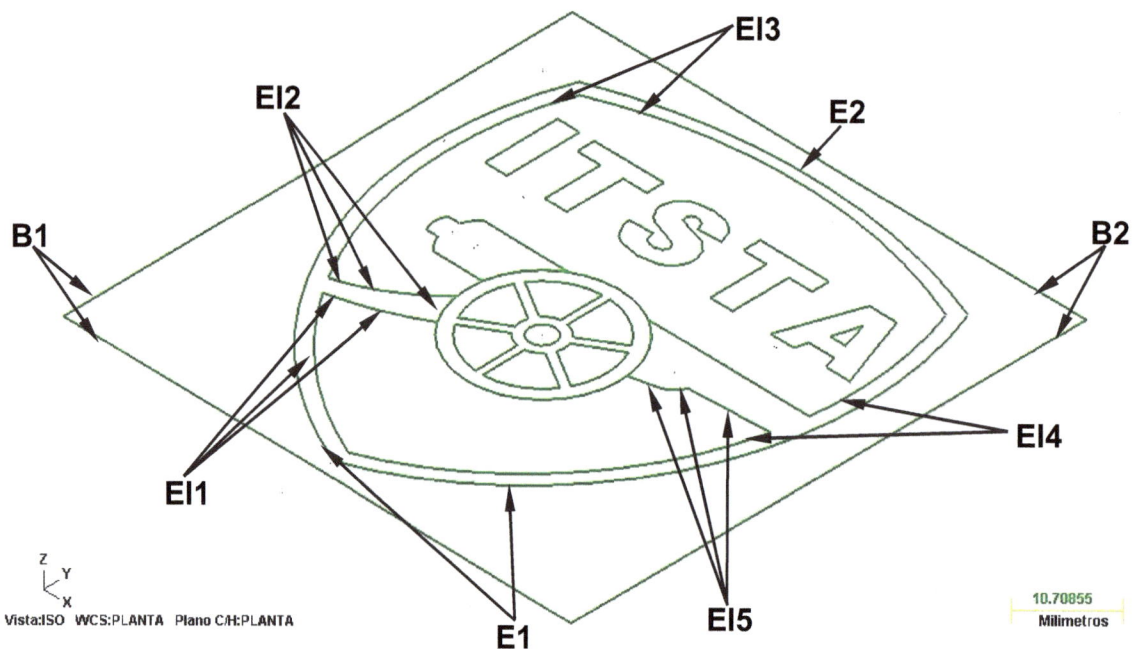

Figura 73. Selección de entidades a trasladar.

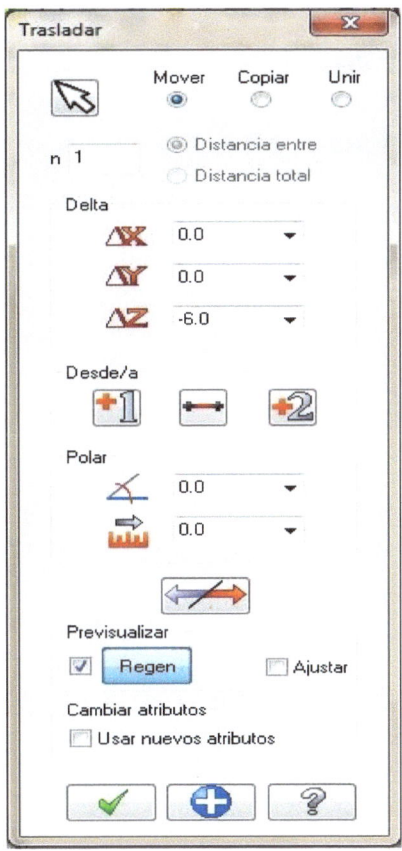

Figura 74. Cuadro de diálogo Trasladar.

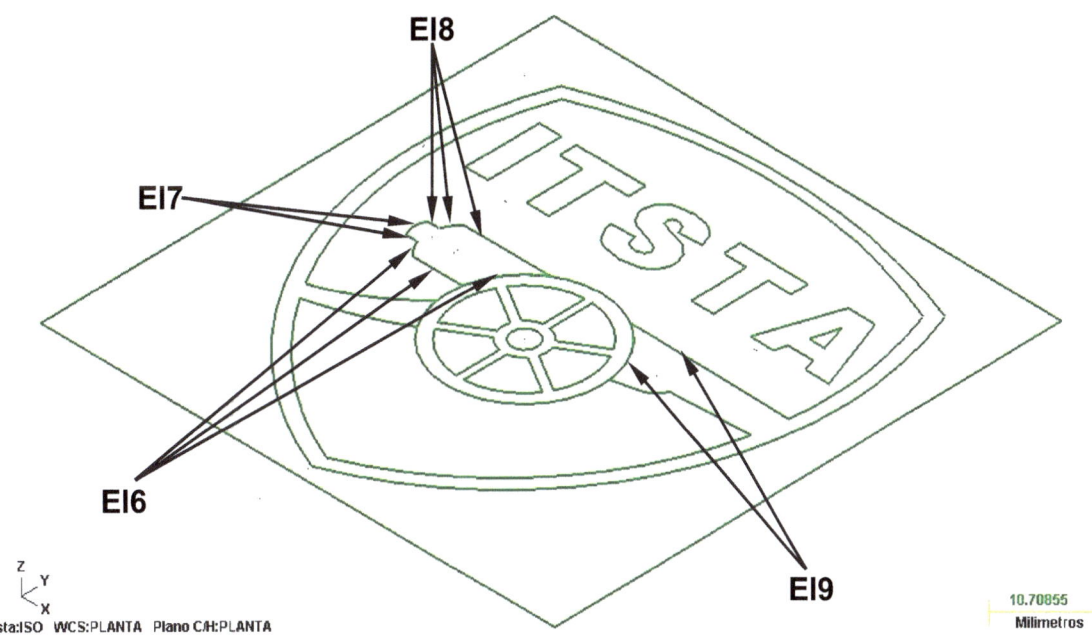

Figura 75. Selección de entidades a trasladar.

procedimiento, introduciendo los valores como se indica a continuación:

Tabla 6. Valores de las entidades a trasladar.

Selección de Entidades	Tipo de Traslado	Valor en Z
E1, E2	Mover	-2.0
EI1, EI2, EI3, EI4, EI5	Mover	-1.0
EI6, EI7, EI8, EI9	Mover	-1.0
LETRAS ITSTA	Mover	-1.0

Paso 11. Extrusión de la Pieza.

Seleccionar en el menú de referencia la opción **Solidos**, se despliega un menú, elegir la opción **Extrusión**, aparecerá un cuadro de dialogo (Fig. 76), activa la opción **3D** y **Cadena**, elegir las entidades **B1**, como se indica en la Fig. 77, teclear **Enter** para confirmar la operación, inmediatamente aparecerá un segundo cuadro de diálogo (Fig. 78), Activar la opción **Crear Cuerpo** y **Extender una distancia específica**, introducir el valor de **"Distancia 34.0"**, posteriormente selecciona el icono de **OK**, para confirmar la extrusión de la figura.

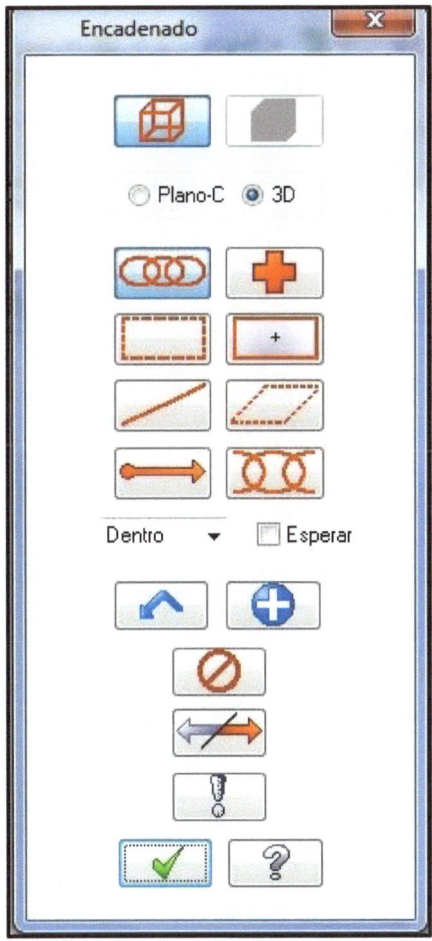

Figura 76. Cuadro de diálogo Encadenado.

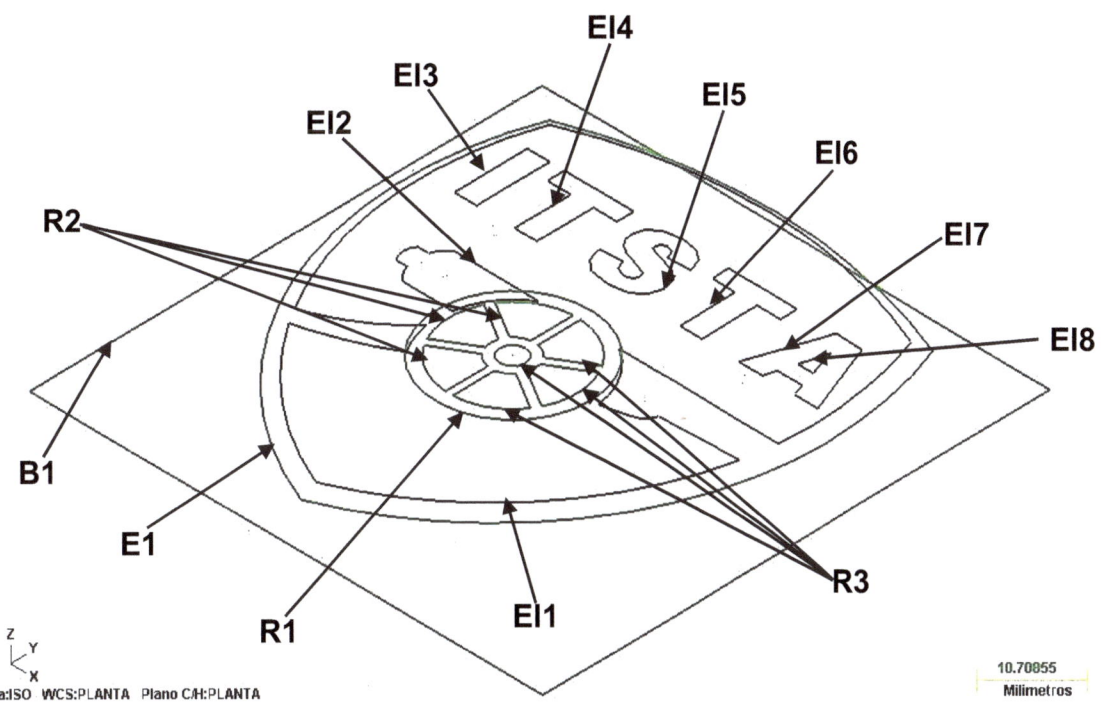

Figura 77. Selección de entidades a Extrusionar.

Figura 78. Cuadro de diálogo Cadena Extrusión.

Continuando con la **Extrusión** de la pieza (Fig. 77) se utiliza el mismo procedimiento, introduciendo los valores como se indica a continuación:

Tabla 7. Valores de las entidades a extrusionar.

Selección de Entidades	Distancia
R1, R2, R3	2.0
EI1, EI2, EI3, EI4, EI5, EI6, EI7, EI8	1.0

E1	4.0

Para observar la pieza solida (Fig. 79) selecciona el icono **Shade**, y automáticamente la pieza se solidificara.

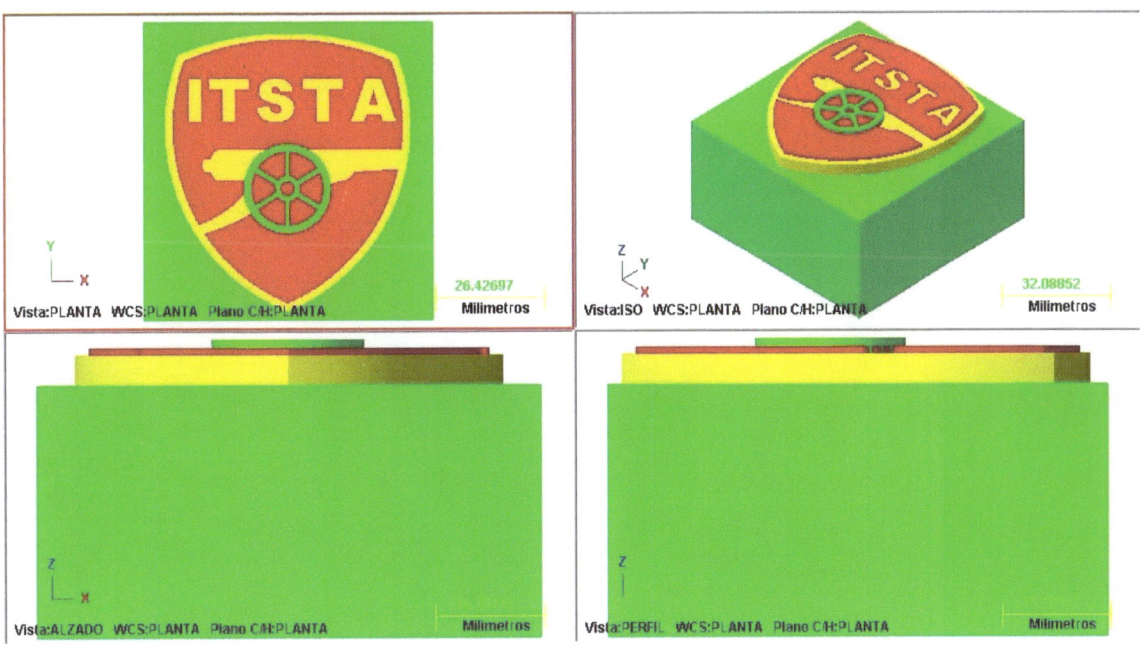

Figura 79. Visualización en 4 vistas del diseño en 3D.

Paso 12. Booleana Añadir.

Seleccionar en el menú de referencia la opción **Solidos**, se despliega un menú, elegir la opción **Booleana Añadir**, seleccionar las caras de las entidades **B1, B2, B3 y B4** como se indica en la Fig. 80, teclear **Enter** para confirmar y finalizar la operación Booleana.

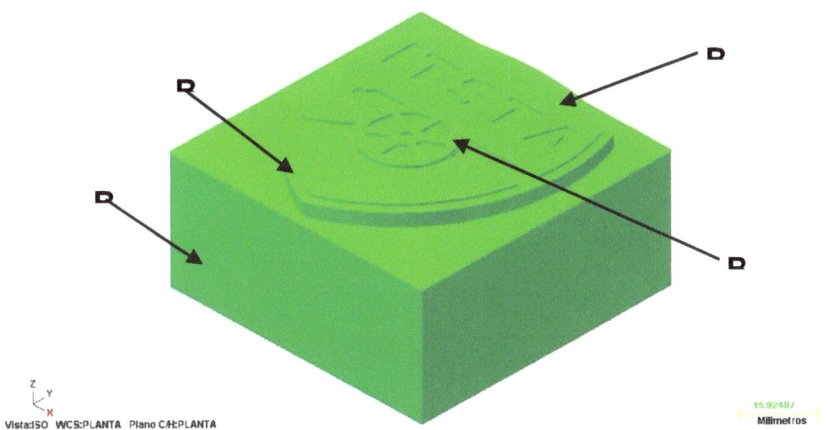

Figura 80. selección de las entidades a aplicar Booleana.

8.- PRÁCTICA 6. LOGO DODGE.

Paso 1. Crear Base (Billet).

Seleccionar en el menú de referencia la opción **Crear**, se despliega un menú, elegir la opción **Crear Rectángulo**, introducir las coordenadas en el cuadro de diálogo **"X 0.00", "Y 0.00", "Z 0.00"** (Fig. 81), posteriormente insertar los valores en el cuadro de diálogo **"Ancho 70.0", "Altura 70.0"** (Fig. 82), teclear **Enter** para confirmar el rectángulo **R1** y finalizar la tarea.

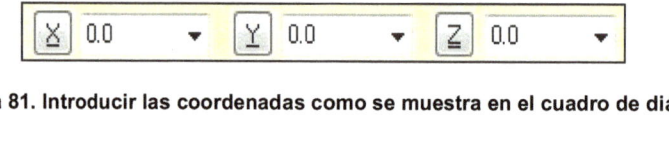

Figura 81. Introducir las coordenadas como se muestra en el cuadro de diálogo.

Figura 82. Introducir las coordenadas como se muestra en el cuadro de diálogo.

Paso 2. Crear Línea Extremo (Escudo).

Seleccionar en el menú de referencia la opción **Crear**, se despliega un menú, elegir la opción **Línea**, se despliega un submenú, seleccionar la opción **Línea Extremo** introducir las coordenadas en el cuadro de diálogo **"X 35.0", "Y 1.0", "Z 0.00"** (Fig. 83), posteriormente se introducen los valores del cuadro de diálogo **"Longitud 29.96665", "Ángulo 154.29005"** (Fig. 84), teclear **Enter** para confirmar la línea **L1** y finalizar la tarea.

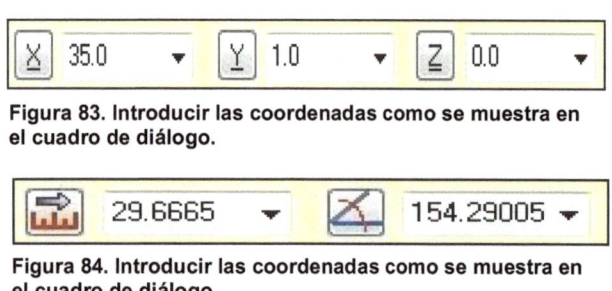

Figura 83. Introducir las coordenadas como se muestra en el cuadro de diálogo.

Figura 84. Introducir las coordenadas como se muestra en el cuadro de diálogo.

Continuando con la creación de las *Líneas Extremo* se utiliza el mismo procedimiento, introduciendo los valores como se indica a continuación:

Tabla 1. Coordenadas líneas extremo.

Línea	Coordenadas			Longitud	Ángulo
	X	Y	Z		
L2	35.0	3.5	0.0	27.73085	154.35899
L3	4.5	26.0	0.0	34.51449	91.66028
L4	2.0	26.0	0.0	37.01351	91.54816

Paso 3. Crear Arco 3 Puntos (Escudo).

Seleccionar en el menú de referencia la opción **Crear**, se despliega un menú, elegir la opción **Arco**, se despliega un submenú, seleccionar la opción **Crear Arco 3 Puntos**, posteriormente se introducir las coordenadas del primer punto "**X 8.0**", "**Y 14.0**", "**Z 0.0**", se introducen las coordenadas del segundo punto, "**X 3.52888**", "**Y 19.26444**", "**Z 0.0**", posteriormente se introducen las coordenadas del tercer y último punto "**X 2.0**", "**Y 26.0**", "**Z 0.0**" teclear **Enter** para confirmar el arco **AC1**.

Continuando con la creación de **Arcos 3 Puntos** se utiliza el mismo procedimiento, introduciendo los valores como se indica a continuación:

Tabla 2. Coordenadas arcos 3 puntos.

Arco	Coordenadas Primer punto			Coordenadas Segundo punto			Coordenadas Tercer punto		
	X	Y	Z	X	Y	Z	X	Y	Z
AC2	10	15.5	0.0	5.6996	19.93789	0.0	4.5	26.0	0.0
AC3	1.0	63.0	0.0	3.272	66.3736	0.0	7.0	68.0	0.0
AC4	3.5	60.5	0.0	4.66667	63.66667	0.0	7.5	65.5	0.0
AR5	7.0	68	0.0	20.99074	68.75917	0.0	35	69.0	0.0
AR6	7.5	65.5	0.0	21.22881	66.63845	0.0	35	66.99949	0.0

Paso 4. Editar Espejo (Escudo).

Seleccionar el icono **Editar Espejo** posteriormente se seleccionan las entidades **D1, D2, D3 y D4** como se muestra en la Fig. 85, teclea **Enter** para confirmar la operación, aparece un cuadro de diálogo (Fig. 86), activar la opción **Copiar** e introduce el valor de "**X 35.0**", seleccionar el icono **OK**, para confirmar y finalizar la operación espejo.

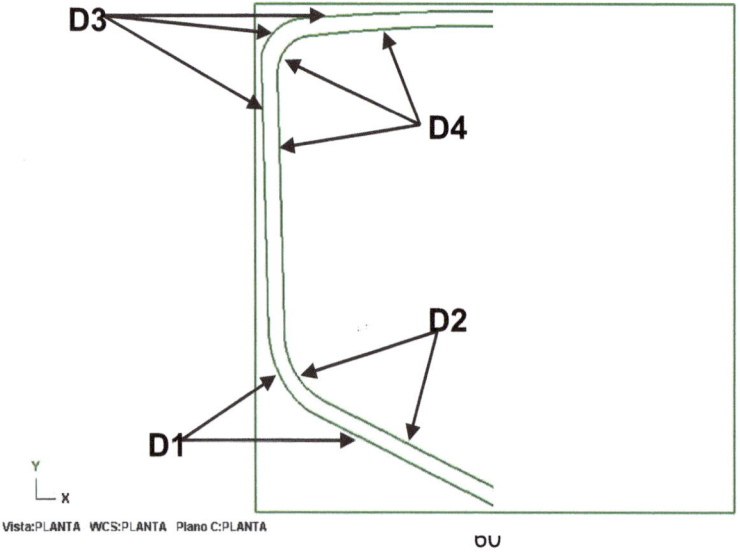

Figura 85. Selección de entidades a Trasladar.

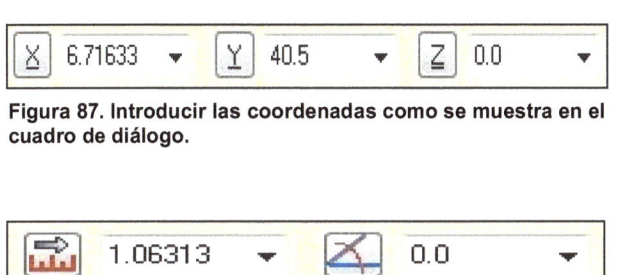

Figura 86. Cuadro de diálogo Espejo.

Paso 5. Crear Línea Extremo (DODGE).

Seleccionar el icono **Crear Línea Extremo**, introducir las coordenadas del punto inicial en el cuadro de diálogo "**X 6.71633**", "**Y 40.5**", "**Z 0.0**" (Fig. 87), posteriormente insertar los valores en el cuadro de diálogo "**Longitud 1.06313**", "**Ángulo 0.0**" (Fig. 88), teclear **Enter** para confirmar la línea **LD1** y finalizar la tarea.

Figura 87. Introducir las coordenadas como se muestra en el cuadro de diálogo.

Figura 88. Introducir las coordenadas como se muestra en el cuadro de diálogo.

Continuando con la creación de **Líneas Extremo,** se realiza el mismo procedimiento introduciendo los valores como se indica a continuación:

Tabla 3. Coordenadas líneas extremo.

Línea	Coordenadas			Longitud	Ángulo
	X	Y	Z		
LD2	8.0	43.0	0.0	2.0	0.0
LD3	24.0	36.0	0.0	3.04138	99.46232
LD4	23.5	39.0	0.0	3.90512	129.80557
LD5	31.0	18.0	0.0	4.12311	104.03624

Línea	Coordenadas			Longitud	Ángulo
	X	Y	Z		
LD6	30.0	22.0	0.0	5.0	126.8699
LD7	27.0	26.0	0.0	8.78009	104.51106
LD8	35.0	16.0	0.0	2.0	180.0
LD9	35.0	19.0	0.0	3.16228	161.56505
LD10	32.0	20.0	0.0	2.03961	78.69003
LD11	32.4	22.0	0.0	6.61837	101.30995
LD12	31.10203	28.48985	0.0	3.45009	154.04192
LD13	28.0	30.0	0.0	2.54951	101.30993

LD14	27.5	32.5	0.0	3.80789	336.80141
LD15	31.0	31.0	0.0	3.16228	108.43495
LD16	30.0	35.0	0.0	3.16228	161.56505
LD17	27.0	35.0	0.0	4.12311	104.03624
LD18	26.0	39.0	0.0	2.23607	26.56505
LD19	32.0	46.0	0.0	3.60555	56.30993

Paso 6. Crear Arco 3 puntos (DODGE).

Seleccionar el icono **Crear Arco 3 Puntos**, posteriormente se introducir las coordenadas del primer punto **"X 33.0"**, **"Y 16.0"**, **"Z 0.0"**, se introducen las coordenadas del segundo punto **"X 31.53756"**, **"Y 16.53756"**, **"Z 0.0"**, posteriormente se introducen las coordenadas del tercer y último punto **"X 31.0"**, **"Y 18.0"**, **"Z 0.0"** teclear **Enter** para confirmar el arco **AD1**.

Continuando con la creación de **Arcos 3 Puntos** se utiliza el mismo procedimiento, introduciendo los valores como se indica a continuación:

Tabla 4. Coordenadas arcos 3 puntos.

Arco	Coordenadas Primer punto			Coordenadas Segundo punto			Coordenadas Tercer punto		
	X	Y	Z	X	Y	Z	X	Y	Z
AD2	6.71633	40.5	0.0	7.39	34.5918	0.0	9.0936	28.89457	0.0
AD3	9.0936	28.89457	0.0	12.31393	24.81726	0.0	17.40318	23.77108	0.0
AD4	17.40318	23.77108	0.0	21.21248	27.58475	0.0	19	32.5	0.0
AD5	19.0	32.5	0.0	19.23988	29.32726	0.0	16.62424	27.51555	0.0
AD6	16.62424	27.51555	0.0	13.2688	28.39249	0.0	10.84688	30.8749	0.0
AD7	10.84688	30.8749	0.0	8.96591	35.57678	0.0	7.77946	40.5	0.0
AD8	24.8	34.5	0.0	20.05981	36.9113	0.0	19.5	42.2	0.0
AD9	24.0	36.0	0.0	21.28136	38.39068	0.0	21.0	42.0	0.0
AD10	19.5	42.2	0.0	17.14285	44.5109	0.0	15.0	42.0	0.0
AD11	15.0	42.0	0.0	15.27655	37.85972	0.0	16.8	34.0	0.0
AD12	16.8	34.0	0.0	16.25123	31.80827	0.0	14.0	32.0	0.0
AD13	14.0	32.0	0.0	10.95572	37.12026	0.0	10.0	43.0	0.0
AD14	8.0	43.0	0.0	10.35219	50.44202	0.0	18.0	52.0	0.0
AD15	18.0	52.0	0.0	24.46306	47.21912	0.0	28.0	40.0	0.0
AD16	32.0	46.0	0.0	22.45835	56.507	0.0	9.0	52.0	0.0
AD17	9.0	52.0	0.0	22.51002	58.91686	0.0	34.0	49.0	0.0

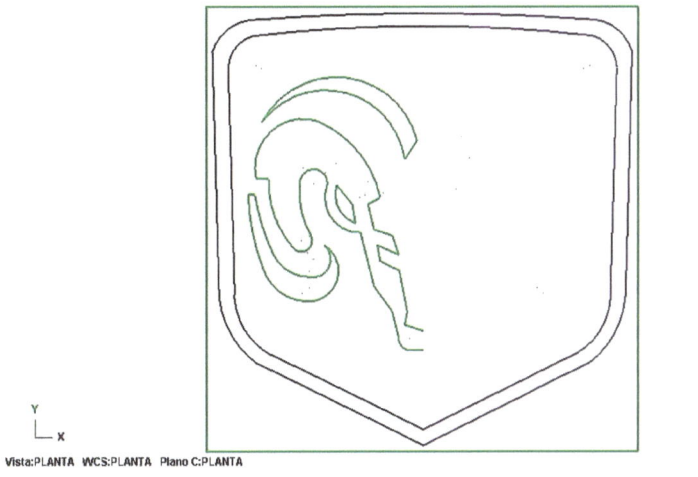

Figura 89. Resultado del diseño de las líneas y arcos.

Paso 7. Editar Espejo (DODGE).

Seleccionar el icono **Editar Espejo** , posteriormente se seleccionan las entidades **D1, D2 y D3** como se muestra en la Fig.70 y Fig. 71, teclea **Enter** para confirmar la operación, aparece un cuadro de diálogo (Fig. 72), activar la opción **Copiar** e introduce el valor de **"Eje X 35.0"**, seleccionar el icono **OK** , para confirmar y finalizar la operación espejo.

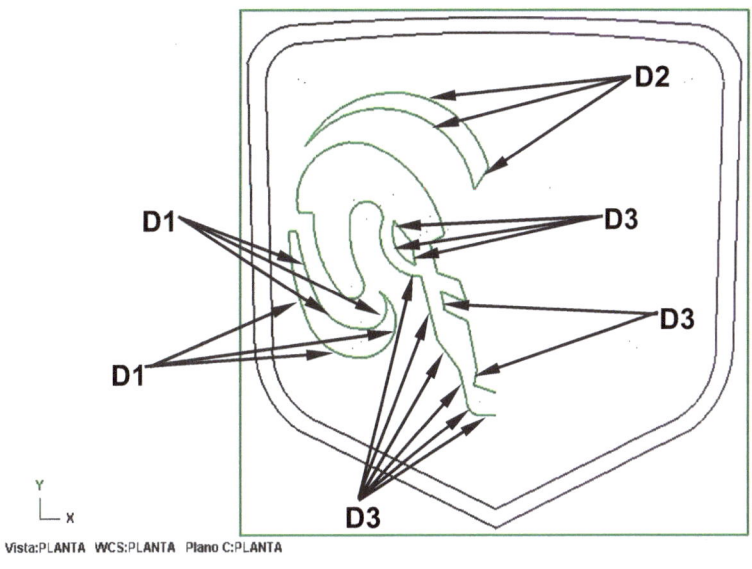

Figura 70. Selección de entidades a Espejear.

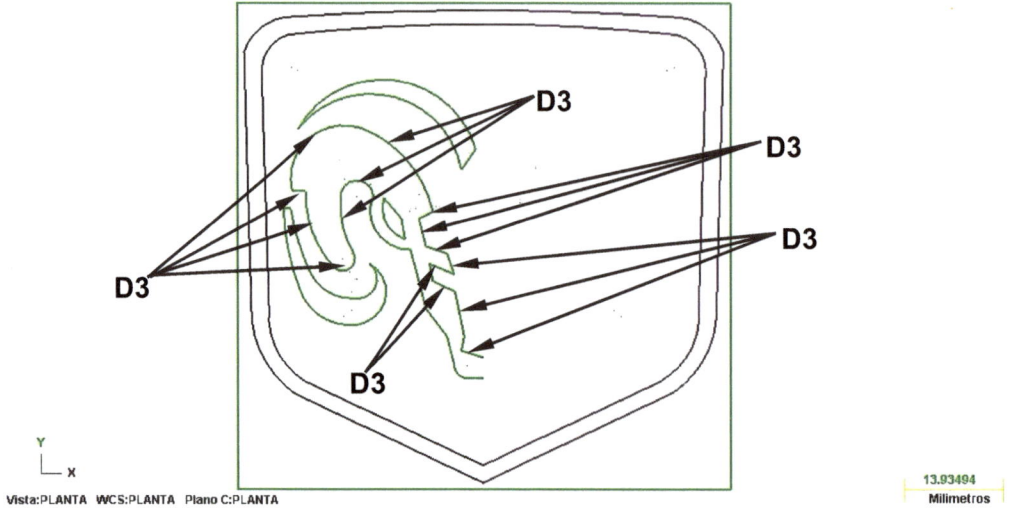

Figura 71. Segunda parte de la sección de entidades a espejear.

Figura 72. Cuadro de diálogo Espejo.

Paso 8. Editar Trasladar en Z (Figura).

Seleccionar el icono **Vista Isométrica** elegir el icono **Ajustar a pantalla** , posteriormente seleccionar el icono **Editar Trasladar** , elegir las entidades a trasladar **B1** y **B2** como se muestra en la Fig. 73, teclear **Enter** para confirmar la operación. En seguida aparecerá un cuadro de diálogo (Fig. 74), activar la opción **Mover,** insertar el valor de **Z -2.0**, seleccionar el icono de **OK** para confirmar y finalizar la operación.

Figura 73. Selección de entidades a Trasladar.

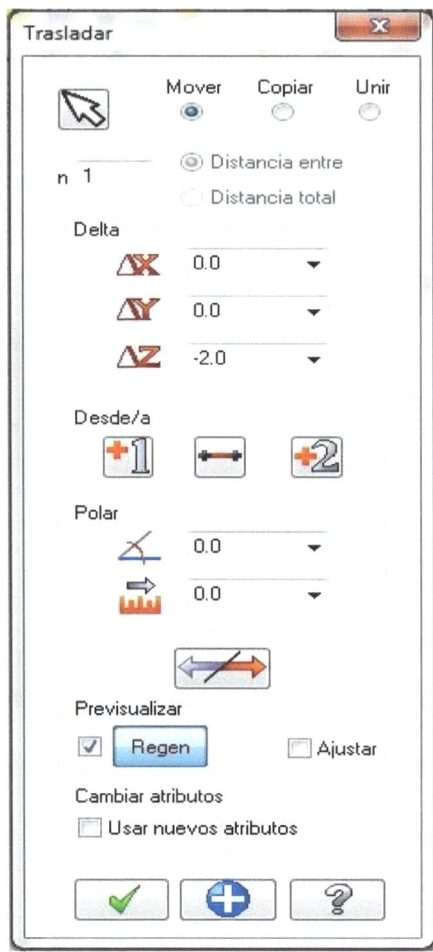

Figura 74. Cuadro de diálogo Trasladar.

Paso 9. Extrusión de la Pieza.

Seleccionar en el menú de referencia la opción **Solidos**, se despliega un menú, elegir la opción **Extrusión**, aparecerá un cuadro de dialogo (Fig. 75), activa la opción **3D** y **Cadena**, seleccionar las entidades **B1**, como se indica en la Fig. 76, teclear **Enter** para confirmar la operación, inmediatamente aparecerá un segundo cuadro de diálogo (Fig. 77), Activar la opción **Crear Cuerpo** y **Extender una distancia específica**, introducir el valor de **"Distancia 38.0"**, posteriormente selecciona el icono de **OK**, para confirmar la extrusión de la figura.

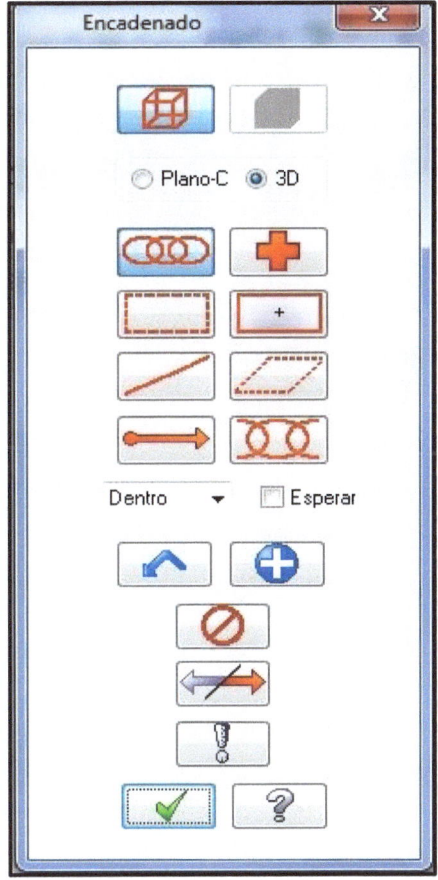

Figura 75. Cuadro de diálogo encadenado.

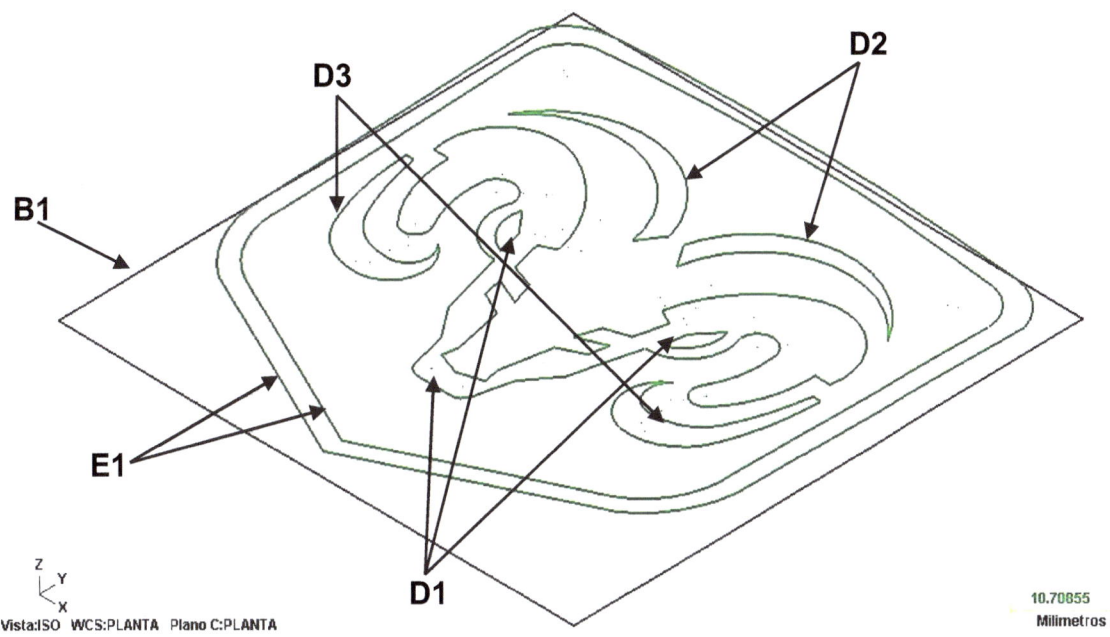

Figura 76. Selección de entidades a Extrusionar.

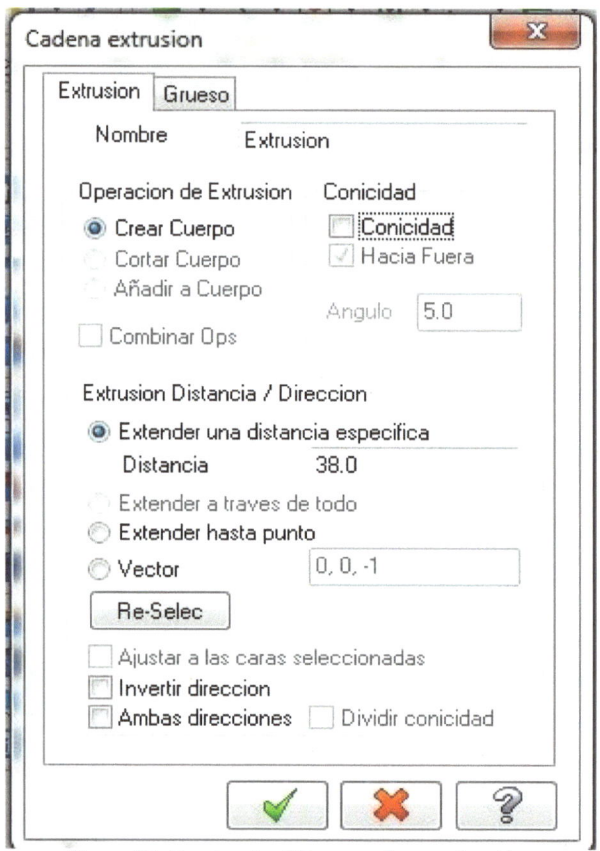
Figura 77. Cuadro de diálogo cadena extrusión.

Continuando con la ***Extrusión*** de la pieza (Fig.76) se utiliza el mismo procedimiento, introduciendo los valores como se indica a continuación:

Tabla 5. Valores de las entidades a extrusionar.

Selección de Entidades	Distancia
E1	2.0
D1, D2, D3	2.0

Para observar la pieza solida (Fig. 78) selecciona el icono **Shade** , y automáticamente la pieza se solidificara.

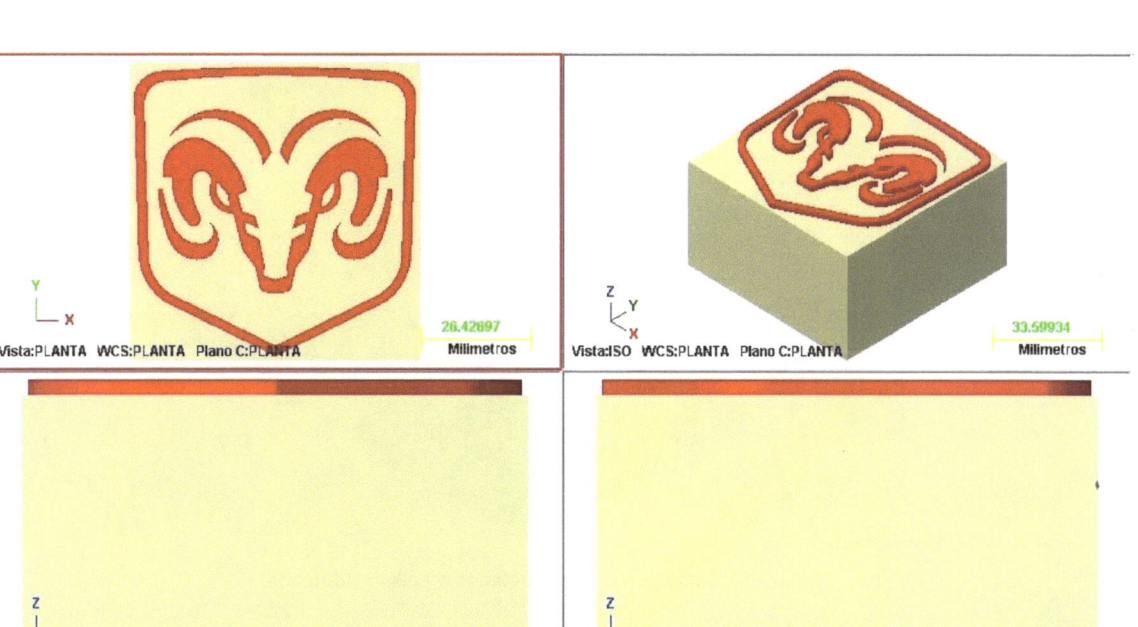

Figura 78. Visualización en 4 vistas del diseño en 3D.

Paso 10. Booleana Añadir.

Seleccionar en el menú de referencia la opción **Solidos**, se despliega un menú, elegir la opción **Booleana Añadir**, seleccionar las caras de las entidades **B1, B2, B3, B4, B5, B6 y B7** como se indica en la Fig. 79, teclear **Enter** para confirmar y finalizar la operación Booleana.

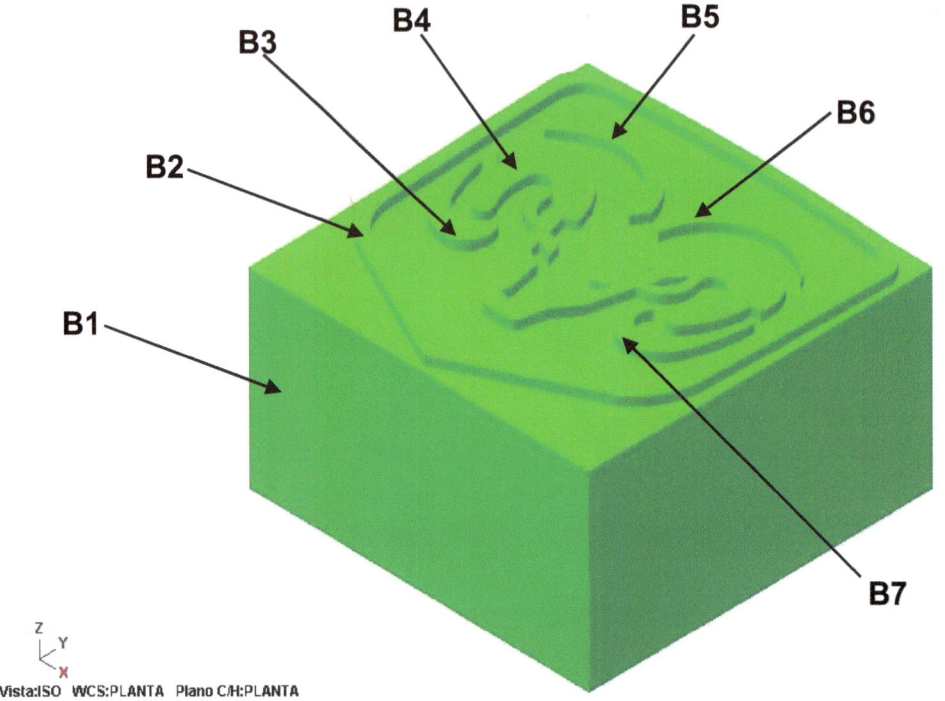

Figura 79. Selección de las entidades a aplicar Booleana.

9.- PRÁCTICA 7. FLOR YIN- YANG.

Paso 1. Crear Base (Billet).

Seleccionar en el menú de referencia la opción **Crear**, se despliega un menú, elegir la opción **Crear Rectángulo**, introducir las coordenadas en el cuadro de diálogo **"X 0.00"**, **"Y 0.00"**, **"Z 0.00"** (Fig. 80), posteriormente insertar los valores en el cuadro de diálogo **"Ancho 70.0"**, **"Altura 70.0"** (Fig. 81), teclear **Enter** para confirmar el rectángulo **R1** y finalizar la tarea.

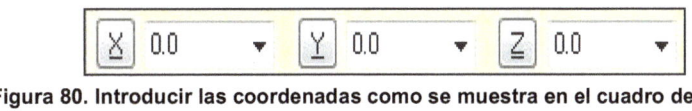

Figura 80. Introducir las coordenadas como se muestra en el cuadro de diálogo.

Figura 81. Introducir las coordenadas como se muestra en el cuadro de diálogo.

Paso 2. Crear Circulo Punto Centro.

Seleccionar en el menú de referencia la opción **Crear**, se despliega un menú, elegir la opción **Arco,** Se despliega un submenú, seleccionar la opción **Crear Circulo Punto Centro**, posteriormente introducir las coordenadas en el cuadro de diálogo **"X 35.0978"**, **"Y 31.9838"**, **"Z 0.00"** (Fig. 82), posteriormente se introducen los valores del cuadro de diálogo **"Radio 16.5"**, **"Diámetro 33.0"** (Fig. 83), teclear **Enter** para confirmar el circulo **C1** y finalizar la tarea.

Figura 82. Introducir las coordenadas como se muestra en el cuadro de diálogo.

Figura 83. Introducir las coordenadas como se muestra en el cuadro de diálogo.

Continuando con la creación de los **Círculos Punto Centro** se utiliza el mismo procedimiento, introduciendo los valores como se indica a continuación:

Tabla 1. Coordenadas círculos punto centro.

Circulo	Coordenadas			Radio	Diámetro
	X	Y	Z		
C2	34.675	40.03286	0.0	2.5	5.0
C3	34.42755	23.53286	0.0	2.5	5.0

Paso 3. Crear Línea Extremo (Escudo).

Seleccionar en el menú de referencia la opción **Crear**, se despliega un menú, elegir la opción **Línea**, se despliega un submenú, seleccionar la opción **Línea Extremo** introducir las coordenadas en el cuadro de diálogo "**X 39.55922.0**", "**Y 16.0984**", "**Z0.00**" (Fig. 84), posteriormente se introducen los valores del cuadro de diálogo "**Longitud 2.06904**", "**Ángulo 134.18305**" (Fig.85), teclear **Enter** para confirmar la línea **L1** y finalizar la tarea.

Figura 84. Introducir las coordenadas como se muestra en el cuadro de diálogo.

Figura 85. Introducir las coordenadas como se muestra en el cuadro de diálogo.

Para crear la línea **L2** (Fig. 86), se realiza el mismo procedimiento, introduciendo las coordenadas **"X 29.64442", "Y 45.61423", "Z 0.0",** posteriormente **"Longitud 2.01053", "Ángulo 138.63201",** teclear **Enter**, para finalizar y confirmar la operación.

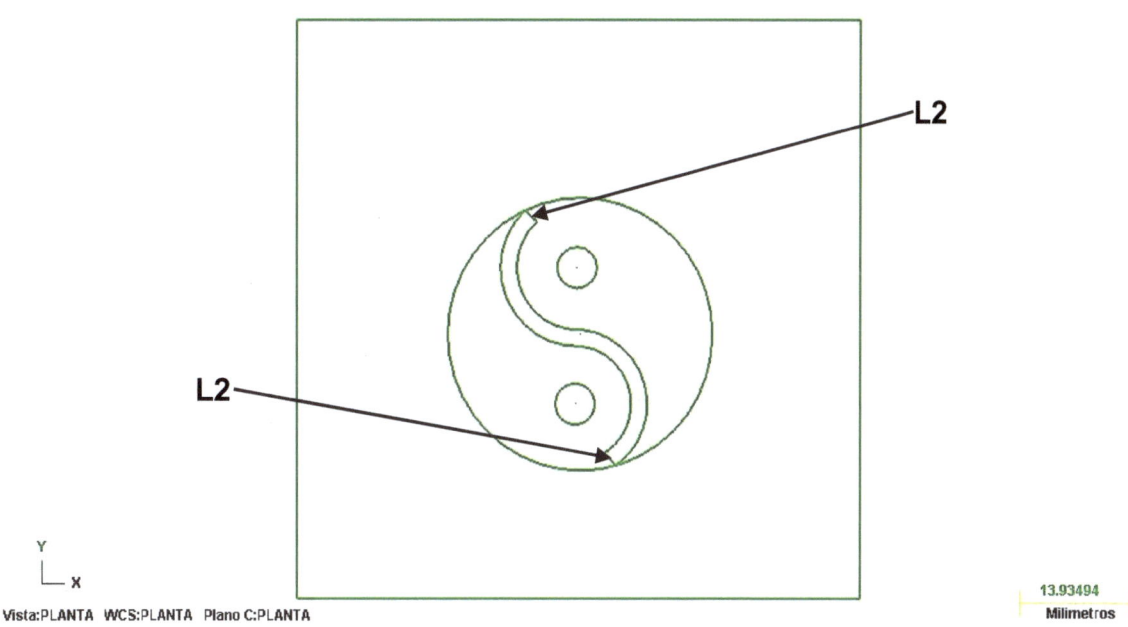

Figura 86. Resultado de la creación de líneas y arcos.

Paso 4. Crear Línea Extremo

Seleccionar el icono **Crear Línea Extremo**, introducir las coordenadas del punto inicial en el cuadro de diálogo **"X 15.57093", "Y 14.82043", "Z 0.0"** (Fig. 87), posteriormente insertar los valores en el cuadro de diálogo **"Longitud 4.67039", "Ángulo 127.60598"** (Fig. 88), teclear **Enter** para confirmar la línea **LE1** y finalizar la tarea.

Figura 87. Introducir las coordenadas como se muestra en el cuadro de diálogo.

Figura 88. Introducir las coordenadas como se muestra en el cuadro de diálogo.

Continuando con la creación de **Líneas Extremo,** se realiza el mismo procedimiento introduciendo los valores como se indica a continuación:

Tabla 2. Coordenadas líneas extremo.

Línea	Coordenadas			Longitud	Ángulo
	X	Y	Z		
LE1	8.22093	31.32043	0.0	6.10328	88.12212
LE3	10.72093	44.92043	0.0	3.75367	48.23973
LE4	26.22093	57.82043	0.0	4.1	12.6804

Paso 5. Crear Arco 3 puntos.

Seleccionar el icono **Crear Arco 3 Puntos**, posteriormente se introducir las coordenadas del primer punto "**X 35.0**", "**Y 9.57189**", "**Z 0.0**", se introducen las coordenadas del segundo punto "**X 28.22093**", "**Y 6.60089**", "**Z 0.0**", posteriormente se introducen las coordenadas del tercer y último punto "**X 22.22093**", "**Y 8.82043**", "**Z 0.0**" teclear **Enter** para confirmar el arco **A1**.

Continuando con la creación de **Arcos 3 Puntos** se utiliza el mismo procedimiento, introduciendo los valores como se indica a continuación:

Tabla 3. Coordenadas arcos 3 puntos.

Arco	Coordenadas Primer punto			Coordenadas Segundo punto			Coordenadas Tercer punto		
	X	Y	Z	X	Y	Z	X	Y	Z
A2	22.22093	8.82043	0.0	17.50872	8.7754	0.0	13.22093	6.82043	0.0
A3	13.22093	6.82043	0.0	15.42064	10.51942	0.0	15.57093	14.82043	0.0
A4	12.72093	18.52043	0.0	10.66668	22.30477	0.0	12.22093	26.32043	0.0
A5	12.22093	26.32043	0.0	9.58608	28.31255	0.0	8.22093	31.32043	0.0
A6	8.42093	37.42043	0.0	6.85796	41.16856	0.0	3.35356	43.22052	0.0
A7	3.35356	43.22052	0.0	7.18929	43.41151	0.0	10.72093	44.92043	0.0
A8	13.22093	47.72043	0.0	16.29737	51.71096	0.0	21.32093	51.32043	0.0
A9	21.32093	51.32043	0.0	22.41429	55.59314	0.0	26.22093	57.82043	0.0
A10	30.22093	58.72043	0.0	33.27189	61.03204	0.0	35.0	64.44753	0.0

Figura 89. Resultado de la creación de líneas y arcos.

Paso 6. Crear Línea Extremo.

Seleccionar el icono **Crear Línea Extremo** , introducir las coordenadas del punto inicial en el cuadro de diálogo **"X 35.0", "Y 12.63586", "Z 0.0"** (Fig. 90), posteriormente insertar los valores en el cuadro de diálogo **"Longitud 1.99385", "Ángulo 229.39868"** (Fig. 91), teclear **Enter** para confirmar la línea **LI1** y finalizar la tarea.

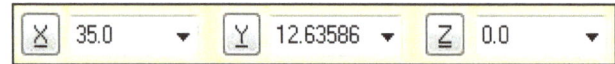

Figura 90. Introducir las coordenadas como se muestra en el cuadro de diálogo.

Figura 91. Introducir las coordenadas como se muestra en el cuadro de diálogo.

Continuando con la creación de *Líneas Extremo,* se realiza el mismo procedimiento introduciendo los valores como se indica a continuación:

Tabla 4. Coordenadas líneas extremo.

Línea	Coordenadas			Longitud	Ángulo
	X	Y	Z		
LI2	23.52252	10.33894	0.0	0.52036	139.39868
LI3	23.12743	10.67759	0.0	0.52036	168.56632
LI4	17.42862	15.68616	0.0	5.39416	127.60599
LI5	13.61061	24.8821	0.0	3.02984	44.01444

LI6	15.78957	26.98736	0.0	3.02984	157.15681
LI7	10.22739	31.48456	0.0	5.97844	88.12212
LI8	12.03789	43.39249	0.0	4.59997	48.2397
LI9	20.23597	49.6403	0.0	4.40452	327.14721
LI10	23.93606	47.25092	0.0	4.40452	98.30354
LI11	26.56553	55.84797	0.0	4.39754	12.68038

Paso 7. Crear Arco 3 puntos

Seleccionar el icono **Crear Arco 3 Puntos**, introducir las coordenadas del primer punto **"X 33.70242"**, **"Y 11.12201"**, **"Z 0.0"**, se introducen las coordenadas del segundo punto **"X 28.77465"**, **"Y 8.62215"**, **"Z 0.0"**, posteriormente se introducen las coordenadas del tercer y último punto **"X 23.52252"**, **"Y 10.33894"**, **"Z 0.0"**, teclear **Enter** para confirmar el arco **R1**.

Continuando con la creación de *Arcos 3 Puntos* se utiliza el mismo procedimiento, introduciendo los valores como se indica a continuación:

Tabla 5. Coordenadas arcos 3 puntos.

Arco	Coordenadas Primer punto			Coordenadas Segundo punto			Coordenadas Tercer punto		
	X	Y	Z	X	Y	Z	X	Y	Z
R2	22.6174	10.78074	0.0	20.08874	11.04516	0.0	17.55581	10.82541	0.0
R3	17.55581	10.82541	0.0	17.77188	13.03874	0.0	17.42862	15.68616	0.0
R4	14.13695	19.95955	0.0	12.66258	22.43272	0.0	13.61061	24.8821	0.0
R5	12.99735	28.16357	0.0	11.20872	29.48739	0.0	10.22739	31.48456	0.0

R6	10.4233	37.45978	0.0	9.94403	39.79605	0.0	8.88916	41.81836	0.0
R7	8.88916	41.81836	0.0	10.39907	42.44051	0.0	12.03789	43.39249	0.0
R8	15.10154	46.82378	0.0	17.10964	49.88334	0.0	20.23597	49.6403	0.0
R9	23.2997	51.60927	0.0	24.035	54.42026	0.0	26.56553	55.84797	0.0
R10	30.85581	56.81328	0.0	33.20719	58.20147	0.0	35.0	59.9883	0.0

Paso 8. Editar Espejo.

Seleccionar el icono **Editar Espejo**, elegir las entidades **B1, B2, B3, B4, B5, B6, B7, B8 y B9** como se muestra en la Fig. 92 y la Fig. 93, teclea **Enter** para confirmar la operación, aparece un cuadro de diálogo (Fig. 94), activar la opción **Copiar** e introduce el valor de **"Eje X 35.0"**, seleccionar el icono **OK**, para confirmar y finalizar la operación espejo.

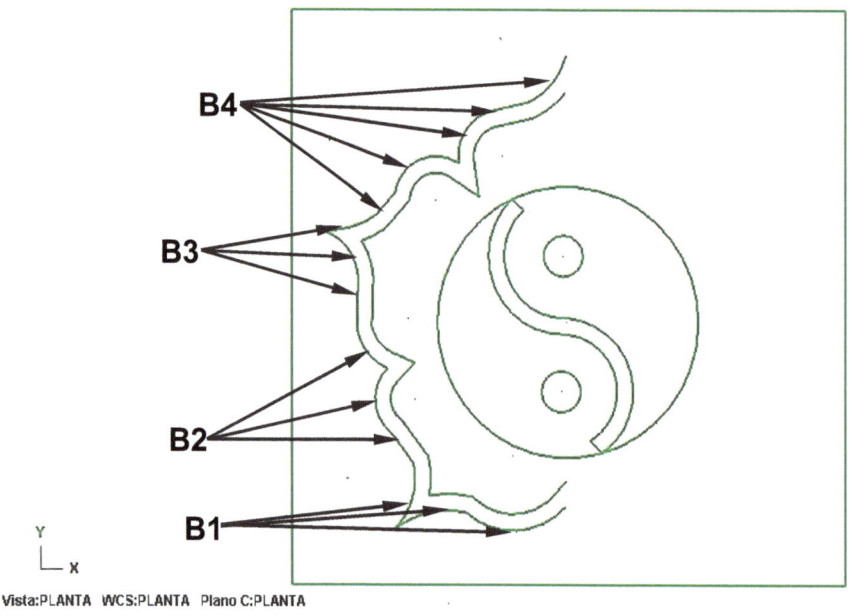

Figura 92. Selección de entidades a Espejear.

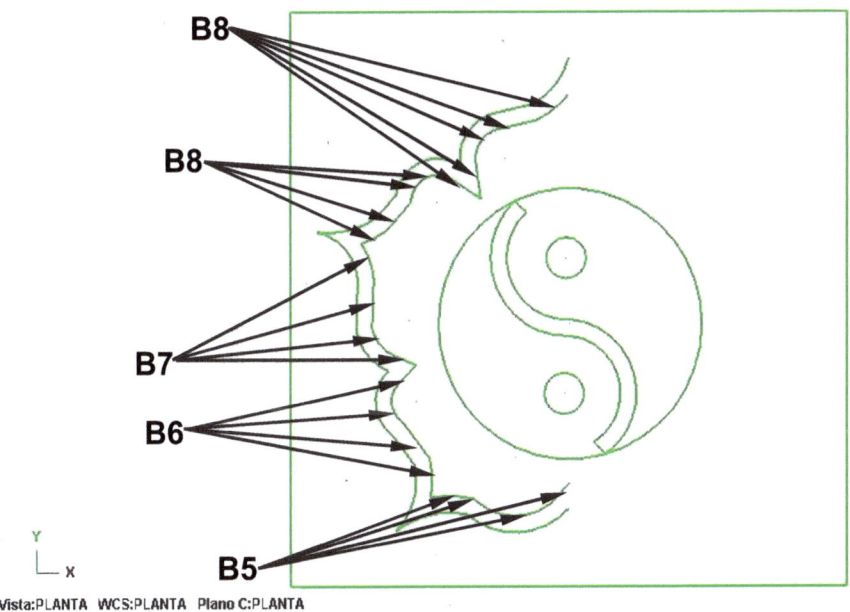

Figura 93. Segunda parte de la selección de entidades a Espejear.

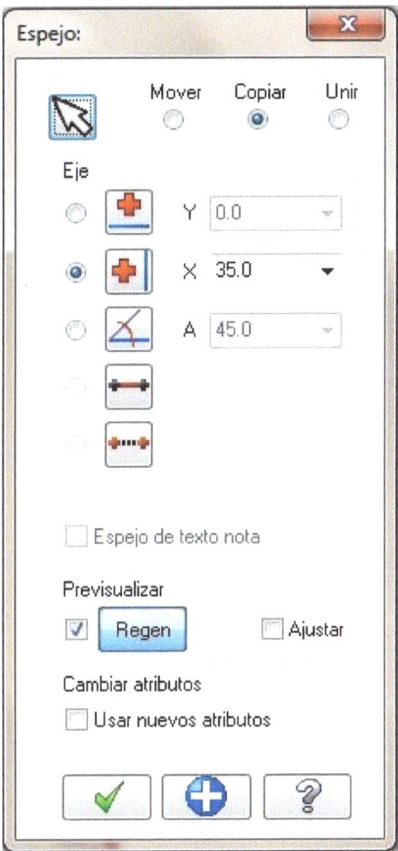

Figura 94. Cuadro de diálogo Espejo.

Paso 9. Editar Trasladar en Z (Figura).

Seleccionar el icono **Vista Isométrica**, elegir el icono **Ajustar a pantalla**, posteriormente seleccionar el icono **Editar Trasladar** seleccionar las entidades a trasladar **B1** y **B2** como se muestra en la Fig. 95, teclear **Enter** para confirmar la operación. En seguida aparecerá un cuadro de diálogo (Fig. 96), activar la opción **Mover,** insertar el valor de **Z -4.0**, seleccionar el icono de **OK** para confirmar y finalizar la operación.

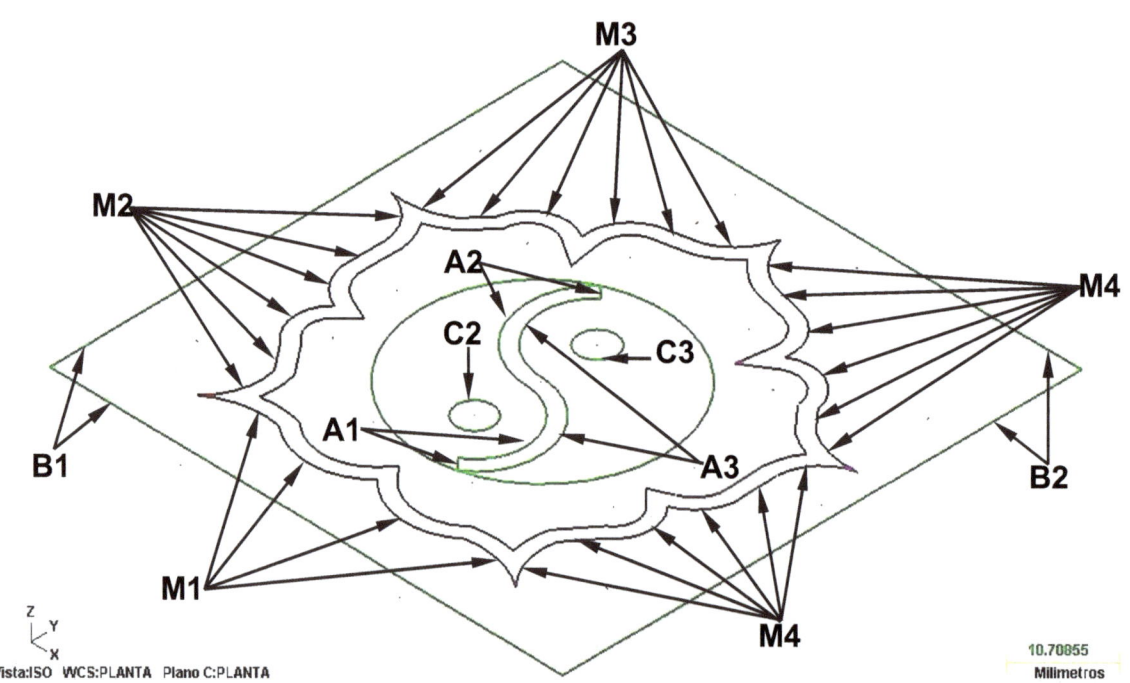

Figura 95. Selección de entidades a Trasladar.

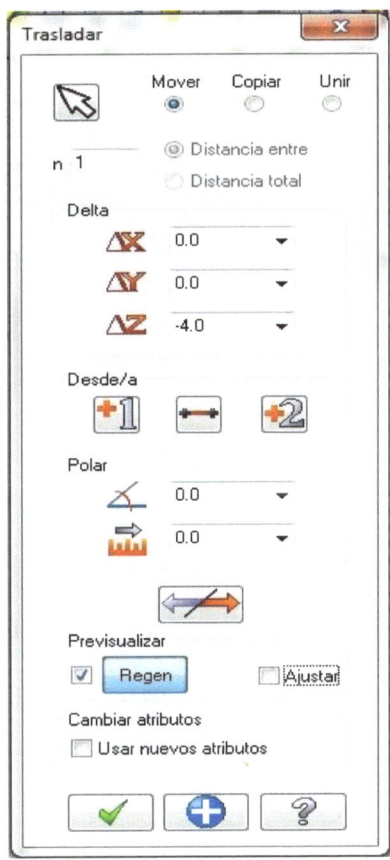

Figura 96. Cuadro de diálogo Trasladar.

Paso 10. Extrusión de la Pieza.

Seleccionar en el menú de referencia la opción **Solidos**, se despliega un menú, elegir la opción **Extrusión** aparecerá un cuadro de dialogo (Fig. 97), activa la opción **3D** y **Cadena**, seleccionar las entidades **B1**, como se indica en la Fig. 98, teclear **Enter** para confirmar la operación, inmediatamente aparecerá un segundo cuadro de diálogo (Fig. 99), Activar la opción **Crear Cuerpo** y **Extender una distancia específica**, introducir el valor de **"Distancia 38.0"**, posteriormente selecciona el icono de **OK**, para confirmar la extrusión de la figura.

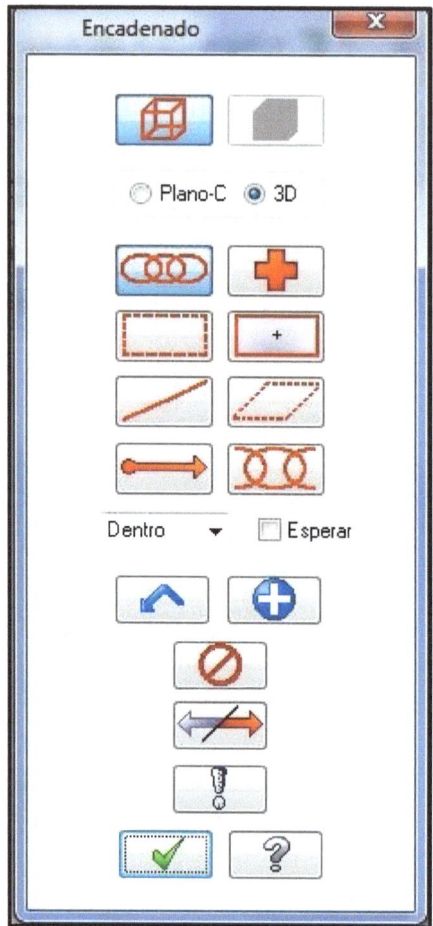

Figura 97. Cuadro de diálogo Encadenado.

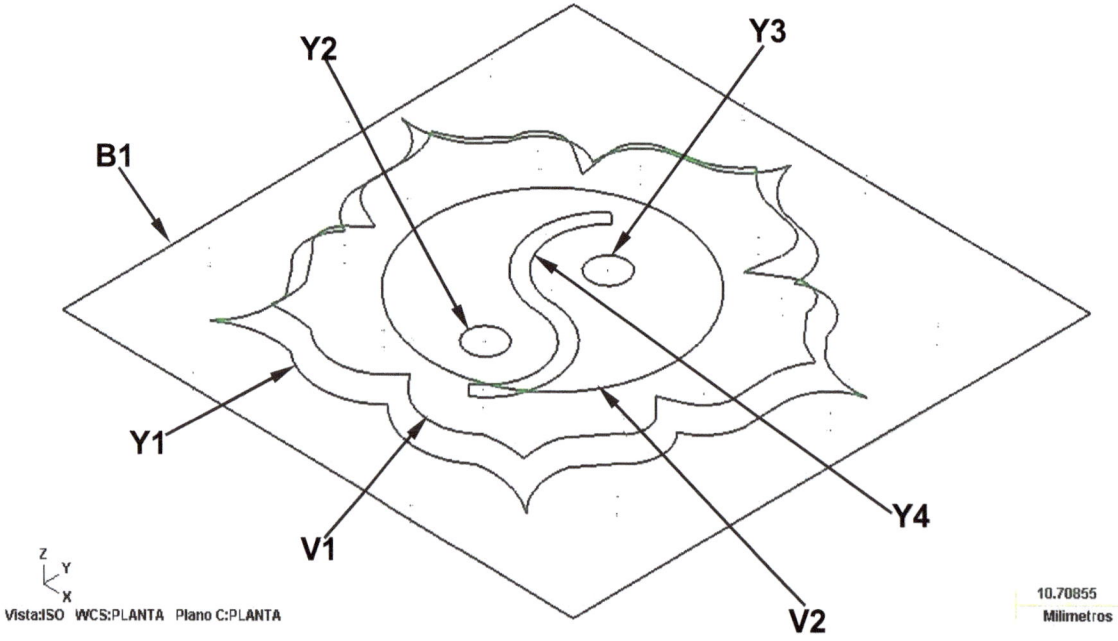

Figura 98. Selección de entidades a extrusionar.

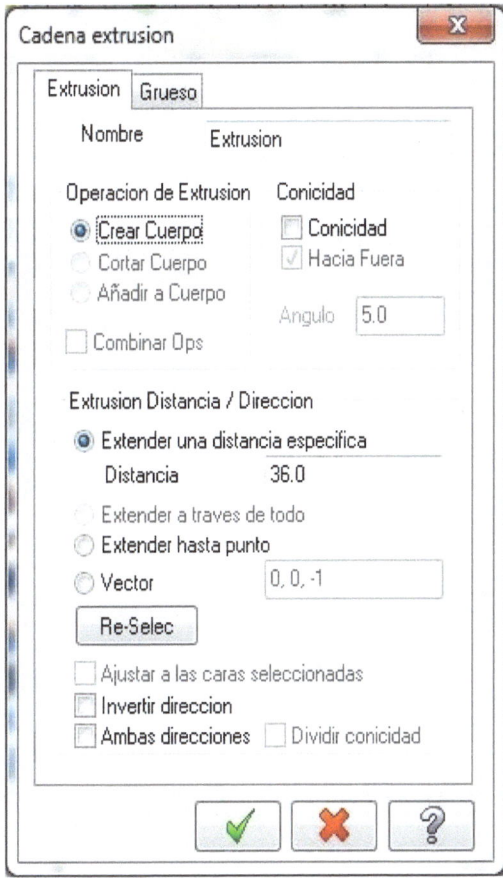

Figura 99. Cuadro de diálogo Cadena Extrusión.

Continuando con la **Extrusión** de la pieza (Fig. 98), se utiliza el mismo procedimiento, introduciendo los valores como se indica a continuación:

Tabla 6. Valores de las entidades a extrusionar.

Selección de Entidades	Distancia
Y1, Y2, Y3, Y4,	2.0
V1, V2	2.0

Para observar la pieza solida (Fig. 100) selecciona el icono **Shade** y automáticamente la pieza se solidificara.

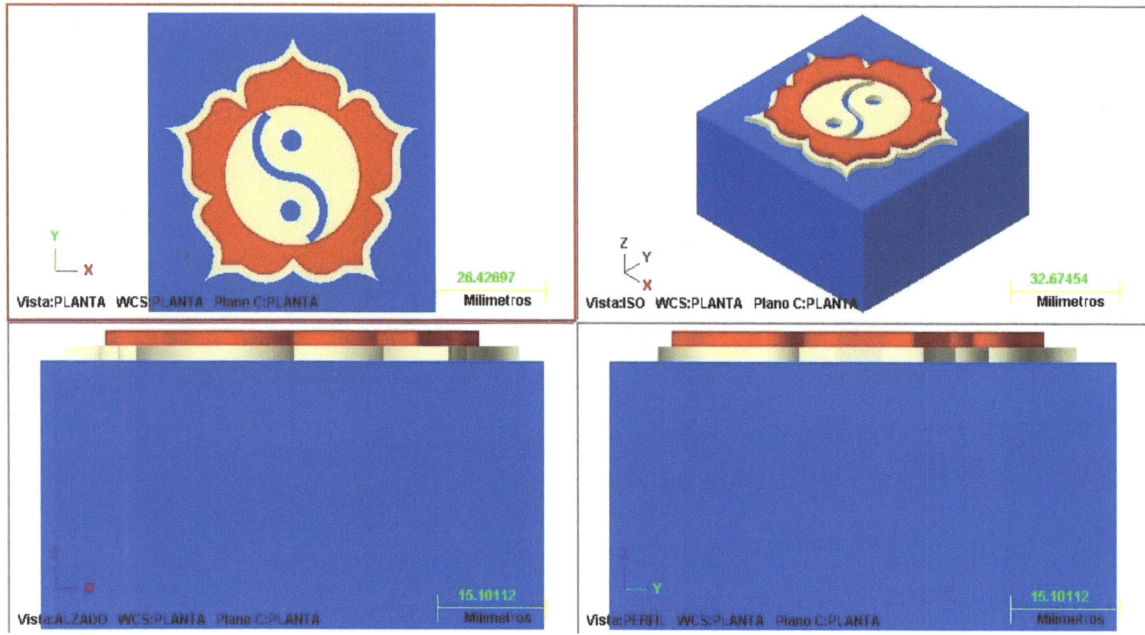

Figura 100. Visualización en 4 vistas del diseño en 3D.

Paso 11. Booleana Añadir.

Seleccionar en el menú de referencia la opción **Solidos**, se despliega un menú, elegir la opción **Booleana Añadir**, seleccionar las caras de las entidades **B1**, **B2 y B3** como se indica en la Fig. 101, teclear **Enter** para confirmar y finalizar la operación Booleana.

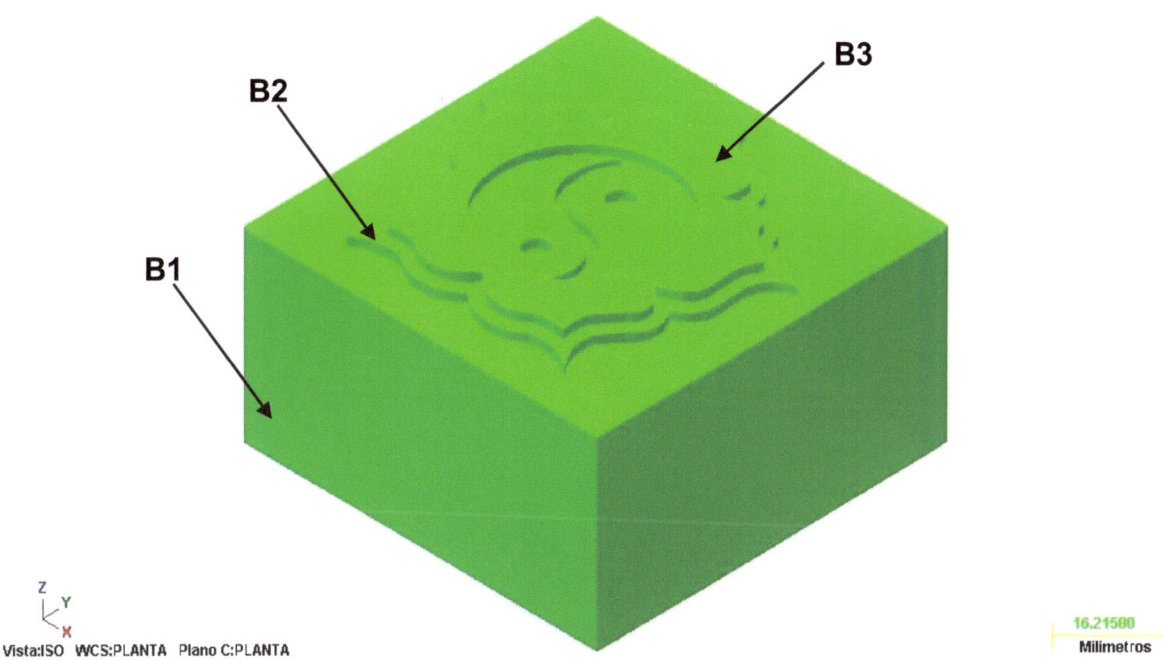

Figura 101. Selección de las entidades a aplicar Booleana

www.ingramcontent.com/pod-product-compliance
Lightning Source LLC
Chambersburg PA
CBHW051021180526
45172CB00002B/432